数 码 摄 影

曝 光 手 边 书

【英】彼得·科普 著

杨凤妍 译

中国摄影出版社

AVE GRATIA PLENA

目 录

Contents

序言

我非常热衷于相机上诸如自动对焦、自动曝光等自动功能，而且认为这些功能都非常好用。也许很多摄影师对这一说法可能会不以为然，因为他们对自己不能控制的所有功能似乎都有点“嗤之以鼻”。然而，我喜欢上此类自动功能还是源于自己的青年时代，那时我第一次拥有了一台像模像样的相机（它为拍摄提供了某种程度的曝光控制），可我想要拍好动态照片的想法却连连受挫，经常就因为零点零一秒的瞬间而错失良机。匆匆忙忙地设置快门速度、光圈和找到完美的焦距就使得这零点零一秒变得太长。

当然，你可能会说，摄影师的工作就像渔夫出海捕鱼一样，总有逮不到的鱼儿——那些可以为我赢得声誉的完美拍摄就在那里等着我去捕捉，可我就是失之毫厘——想想这其中的含义吧。从历史的经验上看，摄影师总是要花掉太多时间（通常就是那关键的毫秒之差）做一些通常都只是纯机械化的调节，但这些调整并不需要明显技巧。实际上如今的相机比以往更能迅速准确地进行这些调节了。

伴随科技的进步，相机的中央处理器已经变得极其高效，而且操作十分便捷有效。在按下快门的一刹那，所有相关部件都为实现完美曝光被调节到最佳状态。

这固然适用于简单客观的拍摄，但通常我们的目标不仅仅只局限于此，这也就是本书所要讨论的内容。既然几乎所有的相机都具有基本的控制功能，那么你的注意力就可专门投入到具有创意的曝光控制功能上来。

富有创意的曝光不是指设定正确的曝光——这一点相机本身就能做得很好。而是做到最佳曝光，仅仅一点点的不同就会让照片效果发生翻天覆地的变化。那么，正确曝光与最佳曝光之间的区别到底是什么呢?

通常来说，无论曝光是在相机内部完成，还是在电脑上进行相应处理，抑或（更有可能）是两者相互结合。摄影师们不仅意识到最佳曝光的重要性，也意识到它的效果是多么令人愉悦。只要事先稍做考虑，更合理地曝光就能让你化平凡为神奇。我想绝大多数从事摄影的人都希望能拍出这种不同凡响的照片，我相信在你读完这本书之后，你也能够做到，同时你还会从书中找到一些让图像制作变得更容易的方法。

如果问一位摄影师，曝光控制的关键环节是什么，他可能会说，“正确使用测光表”。在某种程度上，这个回答没错。而且本书当然也会讨论如何最有效地使用测光表，然而毋庸置疑的是，一个更有力的因素就是光线。光线往往没受到应有的重视，摄影师与相机只是被动地对光线做出反应。本书不仅带你研究光线的性质与形式，还指导你如何利用光线，让光线在你的拍摄中发挥出最大的作用。

传统上，专业摄影师以及摄影发烧友都会在暗房里来加强照片效果。他们明白在照片冲洗过程中调整影调不如在拍摄伊始就加强曝光控制与调节。现在，所有的摄影师都享受到数字暗房的好处，它的效果与以前的暗房冲洗相比要强大得多。你会发现，数码图像处理并不是一副灵丹妙药，但可以改善图片效果。那么，让我们现在就开始这场奇幻旅程吧！

第一章：

精彩摄影的秘诀

不论你选择浏览网上商店，还是去逛传统的摄影器材店，那些琳琅满目的相机种类足以让你眼花缭乱。随着数字技术的发展，即便最基本、最普通的款式现在也都能够拍摄出令人印象深刻的照片。

如今的大多数相机（包括专业型号）都拥有全自动操作模式，无论是必备模式还是可选模式，都能控制相机的所有主要功能，比如对焦、曝光设定、甚至闪光等。这无疑给所有的摄影师带来极大方便；即使时间不合适，也没理由再拍出不合格的照片。然而，就没有少了一些什么吗？当你准备拍摄的时候，脑子里一定有某种想象。比如，也许你想拍摄一张富有浪漫色彩的肖像。或者，你想捕捉一张有冲击力的风景图片。这时，如果完全依赖自动功能可能会显得比较困难，因为对摄影而言，相机的全自动功能在想象与最终成像之间原本就存在着一条鸿沟。

比如，当你打算拍摄一幅让人印象深刻的肖像作品时，相机并不知道你希望突出的是拍摄对象，而非背景。相机不知道你还希望根据场景中的某个特定元素来进行曝光，它的确也无法知道。那么结果呢？就只是一幅不错的摄影作品，但绝对谈不上精彩。这也就是为什么深谙曝光技巧是如此重要的原因所在。对此至关重要的一点就是对曝光意味着什么要有一个基本的了解。通过本章内容，你可以对曝光基础知识有一个清晰的认识。

海星

明亮的日光允许使用短时曝光——足以凝固拍打海岸的海浪；小光圈——可以获得足够大的清晰范围。拍摄通过对沙滩进行测光，这就可以让海浪顶端的浪花呈现亮白色。并保证能够获得场景的最大亮度范围。

曝光的含义

曝光是摄影中最基本的摄影概念之一，对于它的含义我们可以这样来理解：拍摄一张照片所需要的落在相机传感器上的光线总量。控制这个总量一般由测光系统与摄影师的技巧与判断来决定。事实上，我们总是希望自己能够拍出精彩的照片，而不仅仅只是感到“满意”。那么，这必然受制于曝光这一环节，好的曝光应该被视为是技术才能与主观判断的结合。

改变快门速度

降低快门速度（如果情况允许快门长时间曝光）可以在照片的拍摄过程中将运动效果记录下来。（A）图是用较快的快门速度进行拍摄的，所有细节都可以获得清晰的记录。（B）图以较慢的快门速度拍摄，明显加强了风吹动树枝的运动效果，而照片的其他静止部分则依然清晰可见。

基础知识

想要对曝光有一个基本了解，温习基础知识不失为一个好方法。可是刚入门的摄影爱好者往往对其中某些重要概念会有所回避和忽略。

每次曝光都是由快门速度与光圈大小所决定。镜头光圈的作用类似于虹膜对眼睛所起的作用，它通过开闭来调节进入的光线量。光圈变大的时候，可进入的光线就越多，反之，光线则越少。

快门是阻止光线透过镜头到达传感器的一个物理帘幕装置。当你按下快门，快门帘幕打开，那么，在快门再次关闭之前，对其打开时间可以作出预设。现在你开始意识到在光圈与快门速度之间存在某种关联，如果是希望特定数量的光线到达传感器，你可以通过设定快门速度与光圈大小来实现。同时，如果你将快门打开时间延长一倍但是将光圈减至一半也可以到达同样的效果。

这里需要注意一下（后面我们将做深入讨论），快门速度与光圈大小之间的这种相互关系也是胶片摄影的一个基础。而对于数码摄影，还有一个可用来控制光圈的第三个参数——感光度（ISO）。

胶卷的感光度是固定的，然而使用数码相机可以在某个范围内随时调整传感器的感光度，这让摄影师在需要的时候允许有额外的曝光宽容度。

曝光值

摄影师最常提到的一个术语就是曝光值（EV），相同的曝光由一系列组合值构成，可以是不同光圈大小与快门速度的组合。

尽管曝光值相同的所有相机设定组合都能提供相同的曝光，但拍摄出来的照片却总是大相径庭。这是因为改变光圈会改变景深（见第10页），如果画面里出现模糊影像，改变快门速度会改变模糊的程度（见第12页）。

另外值得注意的一点是，通常不能在相机上直接设定曝光值，而只能设定对应的光圈/快门速度组合值。然而，有些相机可以让你预先设定一个组合值，然后根据理想的曝光值，相机将会自动调整某一个数值。有些测光表除了显示光圈/快门速度组合之外，也显示曝光值。不过，我现在还是打算用快门速度与光圈来描述曝光。只有在使用光圈/快门速度特定组合没有优势可言的时候，我才会单独提到曝光值。

曝光控制

许多相机都具备如右图所示的类似控制装置，但可能由于不同品牌或型号的相机它们的位置设计会有所不同。

1. 曝光模式输入盘。作用是在全自动模式、光圈优先、快门优先、手动模式与场景模式之间切换。

2. 调节轮。在保持相同曝光值的时候，旋转调节盘来改变快门与光圈。

3. 液晶显示屏。提供设定值（或调整值）的重要信息反馈窗口。

左图，相机上所标示的设置是以较为传统的方法来设定曝光的，用户可手动设定光圈与快门速度，或者将相机调到自动模式。

1. 光圈环
2. 快门速度/自动模式选择盘
3. 液晶显示屏（未显示）

正确的也可能是错误的

如今的相机所拥有的曝光系统功能要在几年以前只能想象。然而有些情况下，测光系统界定的正确曝光并不意味着就能拍摄出最佳图像。所以，有时候测光系统上的读数尽管可以作为参考，但不能用来决定实际曝光。

拍摄日落就能很好地诠释这一现象。观察这里展示的几张图片，正确的曝光（A）图（由相机内置测光表或外部手持测光表测定）呈现为明亮的照片。虽然它在技术上是一次完美的曝光，但可能并未准确呈现你脑海中记忆的那个画面。那么（B）图减少1挡曝光（减少1挡光圈，或将曝光时间减至一半）可以使图片的色彩丰富很多。（C）图减少2挡光圈甚至可以让色彩更加饱和，引起我们的情感共鸣。

这几张照片中哪一张算正确曝光呢？其实没有对或错。你认为哪张曝光效果最佳，那么它就是最好的一张。

日落

第一张照片（A）在技术上为正确曝光，但与减少1挡光圈（B）或2挡光圈（C）导致曝光不足所拍摄的照片相比，色彩丰富程度与情绪的渲染都相对较弱。

让光线进来

所以，为了调节进光量，你可以改变光圈或快门速度，也可以同时改变光圈和快门速度。但做到这一点需要深思熟虑。

如何控制光圈

光圈在调节进入相机光量上是必不可少的。这已经是众所周知的事实。在摄影术发展之初，摄影师就知道有必要对光圈进行精确定义，无论使用何种镜头，定义的原则都应该是一致而可靠的。这个方法利用了镜头的焦距与光圈的相对值，由于是一个比值，所以完全独立于所使用的镜头——或辅助光学系统，这种方法历经时间的考验，至今仍在使用。

通常光圈值有一个等比级数，每一个依次渐增的光圈值代表当前光圈是前一个光圈大小的一半。因此，当我们谈到减小1挡光圈，就意味着将曝光减至一半（假设快门速度保持不变）；减2挡光圈，则是将曝光减至四分之一。2挡光圈之间的差别也可视同为相差1级曝光值（同样假设快门速度保持不变）。

小贴士

改变进光量

1挡光圈可以成倍或减半地影响相机传感器接收的光量，这非常有用。通过调整光圈或快门速度可改变光量。我们经常在降低曝光的时候谈论“收缩光圈”，在增加曝光的时候谈论“增加光圈”。调节光圈或快门速度会导致这些变化。

光圈设定

光圈系数	2	2.8	4	5.6	8	11	16	22	32
半挡光圈数	2.3	3.5	4.5	6.7	9.5	13	19	27	

为什么有两组光圈值

镜头上通常会标注焦距和最大光圈。然而，有些（小型相机与数码单反相机上的）变焦镜头被说成有两个最大光圈。一个镜头可能会被描述成55-200mm，光圈数为f4-f5.6。为什么会这样呢？有些变焦镜头的结构是这样的，镜头在焦距范围的广角端（55mm）的最大光圈为f4，而在长焦端只有f5.6。实际上，焦距越长，镜头的光圈值就会自动缩到更小。当你在拍摄时要注意变焦的这种变化，因为这可能会影响手持拍摄。

一个光圈

仔细看看第一张照片（A），然后你会注意到仅仅增加1挡光圈，照片（B）的效果却非常不同。同样是增加1挡曝光值，现在到达传感器上的光线就增加了一倍。注意观察因为高光范围有所扩展使影调部分地丧失而变得没有特色，且阴影部分也遭到破坏。

如果排除一些专用光学器材，所有镜头都以上页表格显示的光圈系数系列来进行校准（通常允许设定），你会看到编号下面跟着一个固定的半挡序列，尽管我在这里记录的半挡光圈系数的数字并不经常使用，不过你可能还是会在变焦镜头上见到这些数字。

关于快门速度

作为测定曝光的第二参数，如同光圈参数设定一样，快门速度也可获得类似序列——这一系列设定显示了每一个相邻快门速度都是之前或之后的一半或一倍。常规序列如右上表所示，1挡快门速度即影响1挡曝光值。

小贴士

半级或三分之一级

如今的相机都能够将快门速度或光圈大小精准地调节至光线级别所测定的值，但是又如何准确地进行手动设定呢？在许多相机上（都有可能进行调节），手动设定可以以半级为单位。而有些相机（尤其为专业摄影师或摄影爱好者设计的相机）则能够提供更为细微的调节，可以达到三分之1挡的级别微调。

快门速度设定（单位为秒及一秒的若干分之一）

快门	1	1/2	1/4	1/8	1/15	1/30	1/60	1/125	1/250	1/500	1/1000	1/2000 1/4000

黄色的桥

路面的交汇线条与刻意的曝光不足相结合，加强了天空暗沉压迫的氛围。天空部分使用中灰密度滤光镜在加深云彩的同时，并未使风景中的黄色与绿色变得模糊不清。

曝光模式

或许你已经意识到正确曝光不仅仅只是对快门速度与光圈大小进行设定。根据“正确”的曝光值，你需要考虑设定怎样一套最适合眼下要拍摄的一套组合值，从而明智地利用曝光模式。

一般来说大多数相机已经拥有比较齐全的曝光模式了，其中很多模式相当专业。不过你会发现我们在拍摄过程中最常用到的主要有三种，它们在摄影中都占据重要位置，而你也需要花一点点时间才会熟悉每一种模式。

光圈优先——手动对光圈进行设定，相机则自动处理快门速度。

快门优先——手动设定快门速度，相机则自动设定对应的光圈。

手动——由我们自己完全控制光圈与快门速度。

光圈环

在许多相机上都可看到光圈环，它是调节光圈的一种轻松方式，所反映的变化会在取景器里有所显示，而无需直接检查设定。

光圈优先

光圈优先通常被称为半自动模式，这是因为我们通过手动的方式来完成光圈的设定，而快门速度则由相机自动选择。这种模式通常用AE来表示，也有些相机只简单地用A作为此模式的标记。

为了了解光圈优先的好处，首先需要明白它会有利于哪些摄影类型?

这个问题的答案是，光圈优先在风景与肖像摄影中尤其有用。在这两种情况下，都是焦点部分最为重要。对于风景摄影，我们总希望尽可能多地将取景置于清晰的焦距中，包括从前景物体一直到远处的所有部分。相反，在肖像摄影中，你可能只希望将拍摄主体置于聚焦区域，而不是把焦点对准背景。

光圈优先能够提供这种具有创造力的机会，这要归功于它对景深的控制。尽管许多摄影师使用光圈控制仅仅是以此作为改变进入相机光量的一种途径，但是了解它能改变景深的特性可以赋予摄影更多力量。

小贴士

景深评估与预览

相机镜头上以前都会标有景深刻度，这与焦距环上的距离刻度相对应。你可以迅速浏览景深，然后调节焦距位置就可实现最佳拍摄效果。新型的镜头设计通常都摈弃了这一点。如果是数码单反相机，当你透过取景器观看的时候，你不能用肉眼辨别出景深，但是可以通过触动景深预览按钮来观看景深。按下这个按钮，光圈关闭显示景深。这可能会让取景器变暗，影响对构图的观察，但对检查所选光圈的效果还是非常有用的。一旦认为达到理想要求，松开预览按钮，取景器会再次变亮，这样你就可以更好地为拍摄进行构图了。

小贴士

修改光圈

在光线非常明亮的条件下，你可能无法设定大光圈，因为快门速度的范围不会适应它。在这些情况下，你可以使用一个中灰密度滤光镜（见第23页）——中灰密度滤光镜可减少射入镜头的光量，从而允许设定大光圈。

景深

“景深”这个术语描述的是焦点前后形成清晰影像的距离范围。当焦距对准一个拍摄对象的时候，清晰的焦距区域会向这个拍摄对象的前面及后面延伸一点点。景深由光圈来决定，大光圈导致景深非常狭窄——即“浅景深”。例如，如果你用一个大光圈来拍摄一幅肖像，你可能会发现拍摄对象的眼睛处在清晰范围内，而鼻子却是模糊不清的。如果这不是你的目的，则需要缩小光圈来扩大焦距范围。

对于风景拍摄，如果希望将整个风景都置于清晰聚焦范围内，你就需要尽可能地选择最小的光圈。光圈越小，景深越大。

聚焦范围

当相机将焦点对准一个拍摄对象时，拍摄对象前面与后面的区域都会处在焦距范围内。上面这几张图片，位于两线之间的图像处在焦距当中。逐渐远离这个聚焦区（往前或往后）的拍摄对象会变得越来越模糊。如果缩小光圈，聚焦范围就会放宽，前后的区域范围会变大，拍摄对象也就会更清晰。扩大光圈，聚焦范围则相应变小。

小贴士

景深最大化

想要在风景拍摄中获得景深最大化，选择最小的光圈，将焦点对准位于取景处三分之一的点上。使用小光圈，这个点前后的所有景物（范围）都应该非常清晰。

景深

尽管这两次拍摄都使用相同的曝光值，第一张照片（A）使用大光圈，只有花朵部分位于清晰聚焦范围。对于第二张照片（B），光圈有所缩小，景深随之变大。请注意即使是取景的远处也比较清晰。

快门优先

获得风景摄影与肖像摄影的最佳效果需要时间与耐心，然而，对于有些摄影，时间起到至关重要的作用，刹那间的决定可能就意味着是否拍摄出一幅优秀的作品，或者什么都没拍到。这通常都是希望在照片中表现出某种运动效果，它可能是比较迅速的动作，比如拍摄某项体育竞技活动；也可能显得相对平缓，比如流水，甚至微风吹拂。

对于这些情况，一种交替互补的模式——快门模式——可以发挥重要作用。控制快门速度意味着你可以选择一个较快（或超快）的快门速度来让运动场或跑道上的比赛动作凝固下来。或者，你在拍摄照片的时候，可以设定较长时间曝光（曝光时间为一秒以上）来强调动作的效果，甚至可以通过模糊的影像来营造一种梦幻般的感觉。

快门速度刻度盘

有些相机会有一个刻度盘，通过这个刻度盘可选择适当的快门速度。而有些相机可能是通过菜单设定或拇指转轮来进行类似调节。

为了能够观察快门速度对拍摄效果的影响，你可以对流水进行一些试拍，这会非常有用。过去你可能在哪里看到过一些如梦如幻的河流图片，流水犹如一条烟雾缭绕的丝带。这种照片虽有失真实，但仍令人印象深刻。这通常都是因为把曝光时间调至多达数秒钟的拍摄结果。在设置快门速度时，将快门时间设定为1/60秒，拍摄出的流水呈现的是比较正常的样态。如果快门速度为1/500秒或更短的时间，流水则会凝固，每颗水滴都会被捕捉到。

小贴士

通过追拍来凝固动作

有时候，拍摄快速移动的主体时，如果光线没有处于最佳条件，你就无法设定足够快的快门速度来凝固动作。不过，你可以设定尽可能最快的快门速度，移动镜头跟踪拍摄对象，然后轻轻地按动快门，结果拍摄对象会处在清晰聚焦范围内，而背景则会模糊不清。许多摄影师都使用这种技巧来突出甚至夸大动作程度。想要拍出好的效果需要不断实践，但这绝对是一个需要掌握的技巧。

追拍

追随移动的拍摄对象可以凝固动作，但会致使背景模糊。这对强调动作与速度非常有效。

流水

使用高速的快门速度拍摄流水，几乎可以凝固每一颗水滴（A），但是延长快门速度，可以拍出一种柔和、梦幻般的效果。

改变曝光

想要拍摄一张好照片需要设置一个特定快门速度（或者一系列的快门速度）使适量动作保持模糊，以及需要某个大小的光圈来确定景深。许多相机——几乎所有的数码单反相机——都可以改变曝光设定，通常使用相机上的拇指或食指转轮就可以进行调节。首先应该是考虑照片构图，然后再设定合适的曝光（使用光圈优先、快门优先、抑或全自动模式）。接着旋转转轮来调节不同的快门速度/光圈组合值。

这里举例说明。如果曝光设定为1/500秒，光圈数为f8，单向转动调节控制可将设定改变为1/1000秒，光圈数f5.6，另外一个为1/250秒，光圈数为f11。你还可以通过正反两个方向调整设定值，只要相机设定范围允许。这可以帮助你快速选择设定值，如果相机设为全自动模式，尤其如此。

手动测光

如今自动与半自动测定模式的功能已经毋庸置疑地为拍摄带来好处，似乎没有理由再走到对立面——借助全手动测定。毕竟，每个模式使用的都是同一测定系统，对读数的说明，相机内部采用的都是相同的基本原理。

实际上，有几种情况可能需要转为手动测定：比如说极端照明情况。如果在光线等级非常低的情况下拍摄，这时候自动设定可能就帮不上你的忙；光线等级如果很低，相机内置测光表即使提供了准确的结果，但在这种光线等级下，技术上曝光正确所拍出来的照片与优秀的照片相比可谓天壤之别。

所以说，有时你可能需要用到手持测光表（见第36页），但手持测光表有时可能无法与相机内置测定系统相匹配。比较好的情况是只需要从很小的一个区域测取读数的时候。尽管相机能够对所选取的小范围进行测光（即点测光），但手持测光表的测定结果通常更加准确。如果你使用手持测光表测光，那么就需要将测光表上的读数应用到相机上，在这种情况下，须将相机设为手动状态。

这有没有什么缺点呢？缺点就是速度慢。设定快门速度与光圈大小，以及对其中任一项进行修改，速度肯定不会像半自动与自动模式那么快。不过，严格地说在相对比较困难的条件下，配置速度几乎不是一项十分重要的因素。

结合所有因素

如此说来，快门优先有助于表现照片中的动作，光圈优先控制景深，也就是运动模糊与聚焦模糊的差别。手动控制就是让你能够按照自己的愿望自由地对相机进行设定。

当你对所有这些模式的曝光都熟悉了以后，就会开始意识到，为了完成最终拍摄，需要考虑快门速度与光圈设定的结果。尽管相机具有诸多功能，但对景深与拍摄对象的动作却一无所知。

托马斯·爱迪生曾经说过，天才是百分之一的灵感与百分之九十九的汗水。我相信他对这个数字从未做过准确量化，而且他在谈论天才的时候脑子里一定也没想到摄影，但道理却颇有几分相似。

许多摄影家在摄影探求之路上能够有所建树，汗水就是重要因素。当然，灵感也占据一席之地。一旦你对曝光有了深入了解，拍摄出来的图片效果一定能够引人入胜。

小贴士

修改光圈

快速设定曝光补偿

我们已经看到，摄影师通过“增加光圈”或“收缩光圈”来改变曝光。这是对与测光表所建议的曝光值相比需要以更加明亮或更加暗沉的方式来记录物体的快速补偿方式。各类相机都具备曝光补偿控制，能够准确地为这个目的服务。通过这个控制，通常可以进行3挡光圈的曝光补偿，比相机测光值高出或低出1/3挡光圈。确定需要多少曝光补偿，这的确需要一点技巧，但对于数码相机，通过液晶显示屏至少可以对图片效果的修改有一个比较直观地判断。

大反差照明

在大反差照明的情况下——比如这张照片，明亮的直接照明与明显的剪影轮廓同时存在——即使最先进的自动曝光系统这时可能也会难以应付，而提供误导性的读数。在这些情况下，可以借助手动测光，并通过相机液晶显示屏上的参考读数进行微调。

夜间飞行

这张照片的拍摄对象是一架飞机，但是对它进行曝光只会让天空变得暗淡无色。然而，对天空中光线明亮的部分进行手动曝光，图片效果就变得比较有趣，也更有情调。

第二章：

曝光控制的艺术

如今的许多人都简单地认为对曝光控制的掌握不比以往那么重要了。他们的逻辑非常合理：如今相机里的曝光系统都是一流的，在理想状态下，通常对曝光做出的判断比他们本人更准确。

然而，在这么想的同时，却犯了一个基本错误：技术层面上的正确并不意味着对每张照片都是最佳曝光。这之间存在不容忽视的差别。信任相机的曝光系统，拍出来的照片可以说总是不错。然而在曝光上再多花一点时间，再考虑周到一点，你会拍摄出非常优秀的照片。

毫无疑问，曝光既是一项技术，也是一种艺术创作手段，因为在为拍摄设置理想曝光值的时候，你需要想象一下照片出来会是什么效果。想要了解掌握曝光技巧会对图片带来什么差别，最佳途径之一就是欣赏一些优秀的照片实例。本章将为你说明一双敏锐的眼睛以及对曝光的掌握如何造就富有冲击力的图片。

利用侧光拍摄的肖像

这张照片由凯西·韦特（Cathy Waite）拍摄，其主要特征是拍摄对象所处的照明条件对许多摄影师来说可能都是个大问题。闪光灯直接照在拍摄对象的脸上，漫射光衬托拍摄对象的正面，背景的拍摄使用了第三光源以及红色滤光镜。尽管摄影师控制了照明环境，这里的技巧是既突出了拍摄对象的脸部特征，同时阴影区域也不至于沦为毫无特色的黑色。

散发浪漫气息的肖像

朱莉·奥斯文（Julie Oswin）的肖像与左页肖像相比，所使用的大光比照明较少。她成功捕捉到拍摄对象肤色的微妙细节。朱莉需要做到的是在对拍摄对象的肤色进行正确曝光的同时，拍摄对象的暗棕色头发不会笼罩在阴影当中而变得失去层次。这会存在一个风险，如果再减掉2/3挡的曝光值，头发会不够清晰，左肩看上去也会相当灰暗。

利用逆光拍摄的肖像

在拍摄对象后面使用强烈的逆光以及从摄影师右肩上方使用常规的闪光灯，营造出来的强烈效果要比使用前射光更具有吸引力。掌握曝光控制的细微差别可以帮助你实现类似图中的效果。

暮色中的艺术科学之城——巴伦西亚

黄昏是拍摄城市风光不可多得的好时间，因为可以利用人工照明来平衡迅速减弱的日光。对拍摄时机的把握同关键性的曝光一样重要。你需要在过于明亮的光源与相机传感器动态范围之间平衡各种不同光源。在汤姆·马基（Tom Mackie）拍摄的这张西班牙地标性建筑图片中，为了成功保留前景水面以及光线较亮的建筑内部的细节，曝光经过了认真的处理。

芝加哥摩天大楼

在日光下，光线条件可能也会有问题。直接被日光照射的物体表面与浓重阴影下的物体表面之间的亮度范围差距极大，专业的数字技术可以帮助我们克服这一点。不过，也有其他的办法，比如说，通过使用偏振滤光镜也可进行相机内部调整，从而削弱由于强光所造成的破坏性影响。

湖区拂晓

黎明也是摄影的理想时间，此时色彩变幻莫测，景色转瞬即变，如同这幅照片里的薄雾。如果按照极为精密的测光系统进行曝光，那么图片的色彩可能就无法像史蒂夫·沃顿（Steve Walton）在这里所呈现出来的细致精妙。通常来说，当出现相机无法适应的这种极端的亮度范围时，你可能需要使用一个中灰密度滤光镜来均衡这个范围差距。

利用逆光拍摄的蝴蝶

当你在追求肉眼看不见的细节时，特写与微距拍摄将为你打开一个全新的世界。此类拍摄除了曝光以外，还会为你带来景深方面的问题。摄影家罗斯·霍丁诺特（Ross Hoddinott）精于此道，在不利的条件下拍摄了这幅绝妙的照片。对蝴蝶薄薄的、透明的翅膀进行仔细测光，在这种光线下捕捉到翅膀几近光亮的效果，但同时又维持了取景的整体光线。在进行特写拍摄的时候，焦距至关重要，但出于同样的原因，它会让主体以外的背景变得模糊，进一步突出拍摄对象。

罂粟种籽

细致的照明结合精准的曝光可以突出被摄对象的形状、结构与色彩。在这张图片当中，利用强烈侧光对拍摄对象进行照射，这突出了罂粟种籽的形状，同时让背景呈现黑色，加强了背景与拍摄对象之间的反差。曝光读数则是从最近的那颗种籽上测取的。

第三章：

曝光控制的技术性细节

在早期试验（这些试验主要是证明理论而非拍摄真正的照片）中，曝光已经成为摄影中至关重要的一个环节。随着摄影的发展，对光量与质量的测定变得越来越重要。出现彩色摄影之后，准确曝光的需要变得尤为明显。感光乳剂的曝光宽容度越小，精确性就变得更为必要。

在为相机设置曝光之前，需要知道有多少光线落在拍摄对象上。除此之外，同样还需要知道拍摄对象如何对入射光做出反应。

佛像

这张照片的成功应归功于准确的曝光设定。对光比范围较大的拍摄对象，如果想要拍摄最佳效果的照片，确定正确的测光区域（必要时可做修改）就显得至关重要了。

测光

设定理想曝光有两种方法，一种是对拍摄对象反射出来的光线进行测定，一种是对落在其表面的光线进行测定。基于前者的测光被称作“反射”光测定，后者被称作“入射”光测定。

反射光

反射光是你在周围可以观察到的一种光线。除了几种明显的光源（日光与人造光源）之外，你看到周围的一切都是由于接受反射光的原因。为了曝光的目的，所有内置测光表系统及许多手持测光表（瞄准物体以获得曝光读数）都是通过测定反射光量来进行工作的。

这里存在一个关键问题。我们需要假定，无论是怎样的一个拍摄对象，平均来说，它的反射光量几乎相同。这些测光表是为了平均反射率几乎相同的取景测取读数而设置。这种平均反射率通常被称作中间调或18%灰度反射率。为什么会有这样的名称？因为在很久以前就已经被证实，反射18%光线的中灰表面能很好地代表普通取景的反射率。

尽管这似乎有点武断，但实际上很有用，它几乎构成目前所有相机测光系统所能提供的读数基础。你可能在拍摄过程中也有所发现，大多数时它都能产生不错的拍摄效果。

请注意，这里说的只是“大多数时候”。而我们的目标应该是每次都能拍出精彩的照片！平均读数的准确程度对于许多特殊情况来说可能不足以提供准确曝光。试想一下一幅被白雪覆盖的风景画面，另外一个画面表现的题材是位于灰暗天空下的黑色煤田。显而易见，这两个拍摄对象的反射率根本不同，然而基本的反射光测光系统都是根据每个取景的平均反射率为18%的假设来对相机进行配置的。而当你的拍摄对象或取景当中浅色调或暗色调同时占据重要位置时，平均曝光值就显得不够充分了。

平均读数

从技术上讲，第一张图片（A）根据18%反射率所拍摄，应该为正确的曝光值。然而，大片的浅色调需要增加曝光才能拍摄出更美的效果（B）。

平均反射率

如果拍摄对象有大片浅色调（或白色），平均曝光读数则不会提供准确曝光。如第一张图片（A）所示，在这种情况下，你需要对浅色调进行曝光补偿，或根据落在拍摄对象上面的光线（即入射光）测取读数，这样照片效果会比较平衡（B）。

小贴士

了解你的测光系统

不同相机在处理不同光线条件时表现出不同的能力。有些相机不允许出现丝毫错误，苛刻地要求对光线读数做出说明。有些相机在这方面设计比较灵活，能够识别略有偏差的光线级别，自动调整曝光。通过不断实践就能够辨别你的相机擅长哪个方面？长时间使用相机可以帮助你对曝光系统的细微差别了如指掌，能够让你很快学会预知相机测光系统对不同取景的反应。

羚羊峡谷

当光线渗透进砂石峡谷并向四周的岩壁反射时就会产生无穷的魅力。在这张图片里，暗色调占主导地位，摄影师需要小心处理曝光，不使用“平均”测光，因为平均测光会使精美的岩壁色泽消失不见。

入射光

无论取景中为何种色调，准确的曝光都是由落在其上的光量所决定，即入射光。即使取景中有几种不同的元素，但每个元素上的光量是相同的。如果曝光值是根据测光表对落在拍摄对象上面的光线测取读数所获得，那么就不太可能会受到变幻莫测的反射率的影响。

测光表类型

所有数码相机从基本型到较为全面复杂的系统都内置了测光表。最基本的测光表在普通情况下也能获得正确曝光，但如果光线变得有点棘手，基本测光表处理起来可能就会略有困难。而在另一方面，比较高级的相机提供多种模式，几乎可以处理所有情况下的曝光，只要你知道如何解读和使用这些模式。

非内置测光表

通常来说，袖珍相机的测光表都安装在机身上，而不是通过镜头（TTL。那些具备内置测光功能的相机型号比较少见，可被视为单反相机）来记录曝光值。这仅能测取一个大致读数——对相机前面的取景测取一个大致平均值。相机越精密，中央重点测光系统就越先进，这种测光模式的敏感度偏向取景中心，如同从取景器里看到的那样。有些袖珍相机还提供点测光模式，这个模式可从取景中央的小范围测取读数。

内置测光表

数码单反相机的测光系统主要特征是对实际进入镜头的光线进行测定。它们属于反射光测光表，并具有与此类测光表（见第34页表格）有关的所有优缺点。内置测光表在日常使用过程中最大的好处是它会自动考虑镜头类型、镜头设置以及可能会附在镜头上的所有滤光镜。这让你不必繁琐地计算任何曝光补偿，而任何种类的非内置测光表都需要计算曝光补偿。当你透过单反相机的取景器观测时，你看到的景象与测光表看到的景象完全一致。通过改变镜头焦距来改变取景时，测光表也会看到这些变化。这是一个非常大的优势，尤其相对于非内置测光表而言，也是绝大多数单反相机用户在默认状态所使用的方法。

非内置测光表

从外观来看，非内置测光表通过靠近镜头旁边的一个小窗户来测定曝光值。不要使它被遮蔽（比如，手指无意识地遮挡），这一点很重要，否则测光系统会读取错误结果。

小贴士

取景器中的测光信息

如果你的单反相机测光系统只有在进行拍摄的时候才开始起作用（因为它首先需要反光镜抬起来），如何从取景器中获得曝光信息呢？许多相机都有第二个曝光系统，安装在五棱镜里面或周围，可提供预览数据。

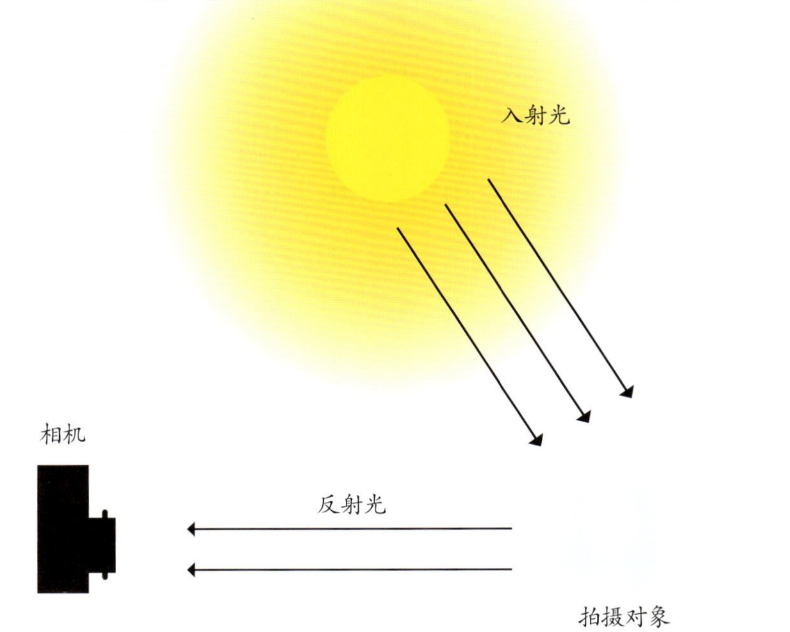

反射光VS入射光

反射光的测定是从相机的角度来进行，对向相机与测光表反射的光线进行测定。入射光读数测取的只是落在拍摄对象上的光线，因此不受拍摄对象反射率的影响。

测光系统

当最初内置测光表被单反相机首次采用的时候，目的是为整个取景器中的取景测取一个平均光线读数。尽管测光系统整合是一大进步，但与其他（独立的）测光表相比，在测光准确性方面并不先进。随着数码单反相机的问世，测光系统已日趋成熟。大多数数码单反相机都提供三种测光类型：中央重点测光、平均测光与点测光。

中央重点测光

这是大多数相机常见的基本测光系统。测光表对取景器中整个取景范围的曝光值进行读取，但曝光值偏向于中央区域，测取的读数大约占整体测光数据的75%。有些相机提供灵活的中央重点测光系统，通过使用定制控制可改变中央环形区域的大小与偏向数量。中央重点测光最适合肖像摄影与风景摄影，在肖像摄影当中，拍摄对象的脸部容易占据中央区域；而对于风景摄影，主要拍摄对象也总是处在中心位置。现在中央重点测光（曾经是单反相机默认测光系统）基本为矩阵测光所取代。

内置测光表

在这张佳能单反相机的透视图中，测光系统位于主反光镜以下，并朝向传感器。

小贴士

反光率

反射光与入射光之间的比值通常被称作反光率，这是定义表面或物体反射率的一个好方法。反光率用百分比的形式来表示，白雪的反光率为90%，而煤灰的反光率则只有3%。其他的物体反光率都处在这两个极端之间。

中央重点测光

构成曝光主要部分的中央环形区域让中央重点测光模式尤其适合肖像摄影与风景摄影，因为主要拍摄对象通常位于这个区域。

点测光

如果你认为取景或拍摄对象某个特定区域的曝光非常重要，那么点测光会发挥作用。

点测光与局部测光

点测光是早于其他几种测光模式出现的一种方法，因其实用性在当代相机中一直沿用。设定该模式之后，测光表就只对取景器中央某个小范围的曝光值进行读取，这个范围大约占据画面的3%或更少。如果取景中的光强度呈现不同，而你需要对某个准确的区域进行测光，那么点测光就显得非常有用。

局部测光的工作原理与点测光相同，只是测取的中央范围稍微大一点（大约占据整个画面的9%）。有一些单反相机具局部测光，但并不是所有的相机都是如此。

矩阵测光

这种测光系统将取景器分成多个区域，并为每个区域进行测定。这些读数根据它们在取景中的位置以及可能收集到的额外信息有所偏向。比如，有些尼康数码单反相机上的3D色彩测光系统对色值、亮度、对比度以及距离（如果使用D-type AF Nikkor镜头）进行测定。然后，曝光系统将结果与实际拍摄数据库（预先设定）作比较，共计约30，000种可能性，所以曝光非常精确。

平均测光

平均测光时对每个不同区域（或区域合并）测取读数，并与预先设定的18%灰度进行比较。

舞台表演

这张照片是以中灰色的背景与曝光过度的舞台为拍摄对象，如果设置成常规曝光模式会使它看起来乱糟糟。改为点测光模式，你可以对拍摄对象的中心进行测光，然后使用曝光锁定来调整你的位置，这样就会使影调显得更为合适。

曝光锁定

像点测光这样的曝光模式能够提供非常准确的测定结果——但只有在你希望测定的区域正好位于这个“点”上才可以。如果你不希望这部分取景位于图片的正中央，就可以使用“曝光锁定”功能。一旦按下这个功能，你可以对拍摄进行重新构图，而最初的曝光设定依然保留。该功能通常以AE-L来表示。

有些相机只需你按下曝光锁定一次，即使你放开按钮，这个曝光设定依然为接下来的拍摄所保留。而对于有些相机，却需要一直按住这个按钮才可保留设定值。

测光表——优点与缺点

内置测光

优点

· 方便——内置，与相机一体

· 自动对镜头前所使用的滤光镜进行补偿

· 适合各种情况的多种模式

缺点

· 测光模式与取景器中的取景可能并不完全适用

· 准确性可能比不上手持测光表

· 有些复杂光照下的拍摄对象可能会导致不准确的读数

测取入射光的手持测光表

优点

· 对落在拍摄对象上的光线进行测取，因此不受异常反射率的影响

· 只要使用得当，提供的测定结果可能最精确

· 入射光比反射光强烈，因此读数更为准确

缺点

· 需要靠近拍摄对象才能测取读数，但根据实际拍摄情况这并不总是可行的

· 不允许使用滤光镜或其他削弱光线的配件

· 比使用内置测光表更加不方便

测取反射光的手持测光表

优点

· 有些模式可对角度非常小（如1度）的反射光做准确测定

· 比内置测光表（对反射光进行测取）可能更为准确

· 对确认镜头测光读数比较方便

缺点

· 限制在“一般”取景

· 不允许使用滤光镜或其他削弱光线的配件

· 不考虑取景中各种对象的反射率

水下模式

在这张图片中，如果摄影师没有选定水下模式，在水中拍摄通常会产生整体的蓝色色偏，失去图中那些精细的黄色。

取景模式

鉴于有些相机具有多种有用的曝光模式，附加的取景设定似乎就显得画蛇添足了。它们真的有用吗？答案通常是肯定的。这是因为它们不仅是为了获取准确的曝光结果，而且为其他相机设置（如可变焦距比与闪光灯设定等）提供快捷方式，尤其在时间匆忙的时候更是如此。问题是，有些相机具有太多取景模式，这会因为需要引导所有这些功能设定而成为一个麻烦。不过，即使如此，还是不能忽视它们带来的好处。记住一点，并不是所有的相机都具有这些模式，而且所列内容也并不囊括所有取景模式。

动态模式（Action）——尽可能选择最快的快门速度，以凝固处于运动中的拍摄对象。

逆光模式1（Backlight）——适用于当拍摄对象站在光线明亮的背景前，为了不造成剪影，该设置会触发相机闪光灯提供更强的亮度。

逆光模式2（Backlight）——有些相机还有另外一种逆光模式，即提供过度曝光（通常为1或1.5挡曝光值），在牺牲背景的前提下对拍摄对象进行真实记录。

烛光模式（Candlelight）——禁止使用闪光灯，将白平衡设定为日光模式，以对烛光场景进行准确曝光。曝光时间可能会延长，因此对相机提供适当支持就变得很重要。

黄昏和黎明模式（Dusk and Dawn）——为日落与日出拍摄最佳效果而设计，主要是通过曝光略微不足来增强色彩饱和度。

烟花模式

烟花——激光灯也属于这种情况——对于常规曝光模式可能会造成问题。专门的烟花模式通过将相机焦距设为无限远，选择适中光圈并禁止使用闪光灯来达到很好的拍摄效果。

烛光模式

该模式可加强因烛光而营造的柔和光线。而闪光灯照明会完全破坏这种图片中的氛围。

烟花模式（Fireworks）——将焦距设为无限远，关闭闪光灯，设定长时间曝光以及中挡光圈。

风景模式（Landscape Scenic）——将镜头设为广角，小光圈，并将焦距对准无限远。

夜景/夜间肖像模式（Night Scene/Night Portrait）——通过设定长时间曝光来避免夜景的曝光不足。拍摄夜景时，将焦距设为无限远；肖像摄影则大约为3米。

肖像模式（Portrait）——设定中等的镜头焦距，以及大光圈/短时曝光让背景失焦。

水下模式（Underwater）——对暗环境进行曝光补偿。水下摄影会偏蓝色。

手持测光表

在这样一个内置测光如此准确并能够代替你分析各种取景的摄影世界，为何还要费神使用手持测光表？因为手持测光表远非落伍之物，它仍然扮演着重要角色，既可提供准确的测光，又可替代相机里的那些测光模式。手持测光表有三种：入射光测光表、反射光测光表与分析色彩的彩色测光表。有些测光表只能实现其中一项作用，而有些则能完成多项任务。

测光表

在相机内置测光系统中无法找到彩色测光表的功能，它用来测试光源的准确色温。彩色测光表如实提供色温读数，而且还可能会建议最适合相机白平衡的校正滤光镜。尽管在相机内可处理白平衡，或者通过软件来修正，但如果某个特定光源（取景中众多光源中的其中一种）需要被确定为中性，通常都认为有必要使用彩色测光表。

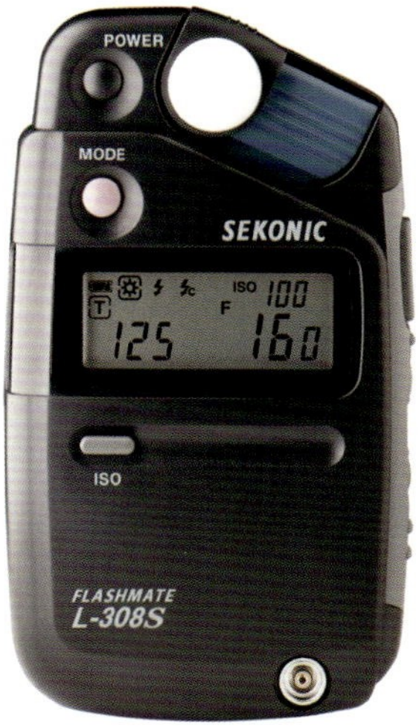

彩色测光表

一个像图中这样的简单手持测光表可以通过（入射）测光球的传感器测定入射光，也可将白色圆罩滑向一旁，来测定反射光。在装置底端的连接器上附上PC闪光线，它就变成了一个闪光测光表，可用来测试多重闪光曝光。

手持入射光测光表

入射光测光表的特征是一个白色（入射）测光球（被称作测光表转换器），它在光线到达测光表光敏元件之前，使落在测光表上的光线扩散开来。使用这种测光表，你的位置最好靠近拍摄对象，需要将测光表对准相机，然后转换器才会吸收从各个方向落下来的入射光。

入射光测光表的好处在于它们记录入射光，因此不会被拍摄对象（或其环境）的高对比区域所迷惑，这大大提高了拍摄的稳定性。由于这个原因，你会发现入射光测光表被广泛使用。比如婚礼摄影师在拍摄婚礼时，为了不让新娘的白色礼服对曝光产生不利影响，通过测定入射光，会得到一个客观的曝光值，从而能拍出一些漂亮的照片。这一点非常重要。

由于其稳定性，入射光测光表在电影摄制中的使用也很广泛。因为在不同的场景进行拍摄时，稳定性至关重要。

手持反射光测光表

即便你的相机拥有内置测光表，但是反射光测光表让你有机会测取比内置测光表更为精确的特定读数。尽管内置测光表无疑是一个精准的仪器，但是将它塞进相机必然导致其光学组件内部需要某种程度的妥协。

彩色测光表

当色温平衡变得至关重要的时候，即使最精密的相机所提供的白平衡控制有时可能也会被蒙骗。专用彩色测光表也许更为客观如实，测定结果也更精确。37页第一张照片（A）的色平衡由相机控制，第二张照片（B）使用了彩色测光表。差别虽然细微，但如果要求严格，这就显得非常关键了。

数码相机测光表

这种测光表（Sekonic L-758DR）更多是为了数码相机而设计。它设定程序之后，测光方式完全与选定单反相机一样。它还可以用来测取入射光、反射光与闪光灯读数。在测光表顶端明显能看到一个测试入射光读数的测光表转换器。

手持反射光测光表提供普遍的光线读数，经常还具有点测光模式的功能，这使得它的测取结果变得准确得多，通常能够对取景中相当小范围的某个区域进行测取——精确度要比相机内置测光系统高。这个精确性让它们非常实用 比如，单独让某个人的脸在人群中更加突出，或者让一个表演者从远处舞台上跳脱出来。

如同所有的外置测光表，你需要记住的一点是，测光表仅仅测取读数，它并不考虑在相机上使用的任何滤光镜或其他削弱光线的配件。

A

B

其他工具

测光表——无论内置或手持式——是测定曝光的一个重要因素。对测光系统了如指掌，是让图片实现完美曝光的关键。但是，为了进一步增强曝光的精确性，你的工具箱里可能还需要再多几件工具。

灰卡

正如前面所提到的，测光表的标准只有在面对反射中间影调（即18%反射率）的拍摄对象或场景时才提供准确读数。如果取景中没有出现可以明确定义为中间影调的区域，那么你就只能对曝光进行猜测（不建议这么做），要么你可以借助18%灰卡——无论是传统形式的硬卡，还是更为方便的可折叠屏风。

使用灰卡并不总是一件容易的事情（想想运动摄影或逆光摄影），想要取得出色的拍摄效果则需要一些练习，比如，确保灰卡表面不得有任何反射。但无论如何，这种方法都好过猜测。

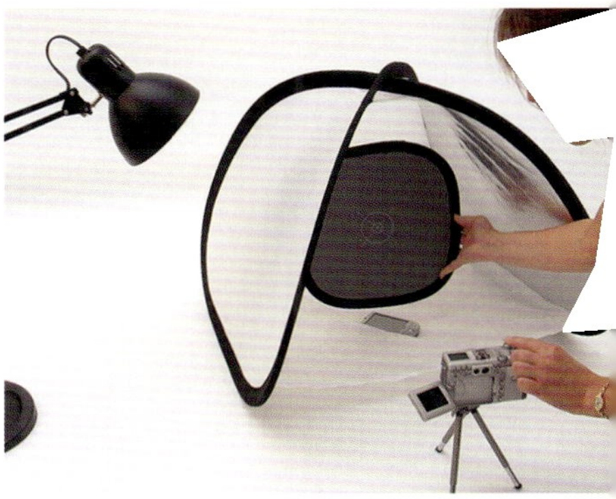

灰卡

对于不常见的曝光情况（例如这个桌面摄影棚），灰卡对获取准确曝光尤其有用，常规曝光在这类情况下可能得不到理想的效果。

白平衡滤镜

这个专用设备是由一个类似滤光镜的圆片制成，贴在相机镜头上，使用方法如同滤光镜。与常规滤光镜不同的是，其表面覆盖有聚光作用的能够汇聚从相机前面180度射过来的光线。

白平衡滤镜可以帮助你克服在使用自动白平衡（AWB）时所碰到的一些问题，比如拍摄时产生的色偏现象。

白平衡滤镜的好处是它可以让你省去使用灰卡的麻烦，也不必非要通过相机内置自定义白平衡（CWB）控制将相机转变成入射光彩色测光表进行测定。

白平衡滤镜的使用方法是将它贴在镜头上，与入射光测光表的使用方法类似，让相机对准主要光源。

校准测光表

摄影师通常会信任测光表，主要是因为它们能够提供准确数据。但这种说法真的合理吗？总的来说，答案是肯定的。如今的测光表都相当精确，而且能够维持这种精确性。通过定期测试测光表的精确性来建立对它的信任，这其实是有意义的。定期使用18%灰卡（或反射率相当的某种东西）进行简单的校准检查就可做到这点。

如果使用手持测光表，这也是一个很好的方法，以便检查测光表及相机的内置测光系统是否提供类似（或不相同）的读数。实际上，许多摄影师在拍摄时都在手持测光表与相机内置测光表之间进行简单检查（理论上使用灰卡），以确认每个测光表的准确性。

白平衡滤镜

白平衡滤镜可以确保肖像维持一种轻微暖色平衡。图片（A）中，是用相机本身的测光系统（矩阵测光系统）来获得准确的曝光。图片（B），在镜头上加了一块白平衡滤镜，然后进行测光。将这个读数设定在相机上，拿掉滤镜后进行曝光。尽管差别细微，但白平衡滤镜的曝光效果更佳，尤其在皮肤色调上。

A

B

亮度分布图与曝光

测光表的重要性毋庸置疑，但随着数码摄影的发展，另一种新的技术越来越不容忽视，这就是亮度分布图（直方图）。研究亮度分布图并预览图片，你会获得一些关于图片品质的重要信息，为提升图片效果提供帮助。

如果使用过图像处理软件，你可能已经接触到亮度分布图。选定“亮度分布图”可以查看关于某个图像的内容信息，尤其对曝光值的评估具有指导意义。现在，越来越多的相机也提供亮度分布图显示，以充分利用它在曝光评估中的重要作用。

那么，亮度分布图代表了什么呢？简单来讲，它是代表相机能够捕捉到最大曝光值范围的图表。它有256个评测步骤或级别，其中0为纯黑色，255为纯白色。图表的中央部分代表中间影调。图表的特定高度表明图片中特定的影调。如果图表没有显示特定影调的级别，那么就表明图片中不含有该影调。为什么说亮度分布图具有十分重要的作用呢？因为相机传感器并不能准确记录许多场景中的整个亮度范围，而只能成功记录有限的曝光值范围。通过亮度分布图的显示，你可以毫不含糊地确定任何场景中的亮度范围。

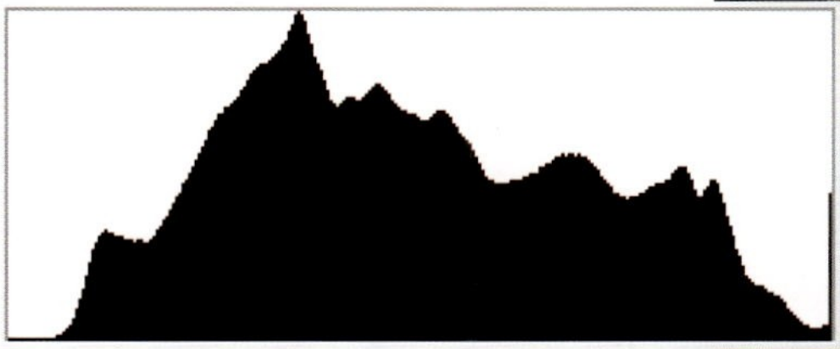

正常亮度分布图

亮度分布图显示整个亮度范围的数据，中部中间影调区域的数据位于最高点。只有分布图的左侧没有数据——这表明图片中没有真正的黑色。

常有人对亮度分布图进行好与坏的区分，而实际上，亮度分布图无所谓好坏可言。它只是图片记录影调范围的一种表示方式。

典型的亮度分布图可能显示整个范围的曝光值分布情况，如39页所示，大块部分可能是“一般”拍摄对象，中间部分为中间影调区域。分布图最末端没有曝光值显示，这表明没有记录下真正的黑色。你也可以对此进行修改，如果你希望（或需要）进行曝光值控制的话。

在有些图片当中——比如雪景——明亮的影调占据支配地位，曲线分布可能会在图表右侧聚成一片。相反，对于比较暗的取景，曲线分布可能会偏向比较暗的一侧。

解读亮度分布图

下面这幅夜景的亮度分布图偏向较暗的影调。需要注意的是位于分布图右侧的顶端，它代表明亮的灯塔光束，占据右侧末端的位置表明曝光过度（但对于一个光源，这可能被认为没有问题）。左侧末端没有曲线分布的显示，则表示图片里没有真正的黑色，这或许需要你使用图像处理软件对此进行修改。

41页那张色彩明亮的风景图片，同样没有真正的黑色，但是同样也没有毗邻的深灰影调。曲线布满右侧末端表明取景的明亮区域曝光过度。

对图片本身进行研究可以证实一些疑问：那些可能尽力避免曝光不足（对大片明亮区域）的摄影师最后得到的结果是否反倒补偿过度和曝光过度了呢？即便仔细研究相机液晶显示屏上的图片，也未必能真正意识到这一点。幸运的是，亮度分布图可以对你有所帮助，帮你完成下次拍摄。

夜景亮度分布图

暗沉的影调对夜景拍摄的支配地位在这张亮度分布图中有所反映，由于不同的光源影响，分布图的最高点出现在亮部区域。

明亮场景的亮度分布图

在这张图片中没有真正暗沉的影调，图表左侧的数据缺乏就表明了这一点。

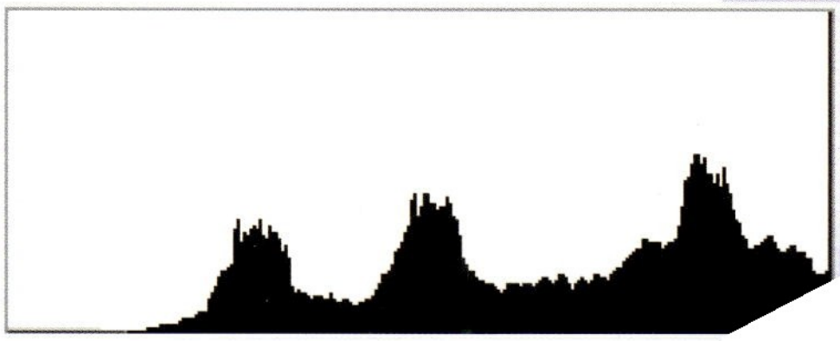

亮度分布图显示

尽管亮度分布图不大（基本上取决于相机液晶显示屏的大小），但足以做出客观评估。相机上的亮度分布图呈现情况因品牌及型号不同而有所不同。

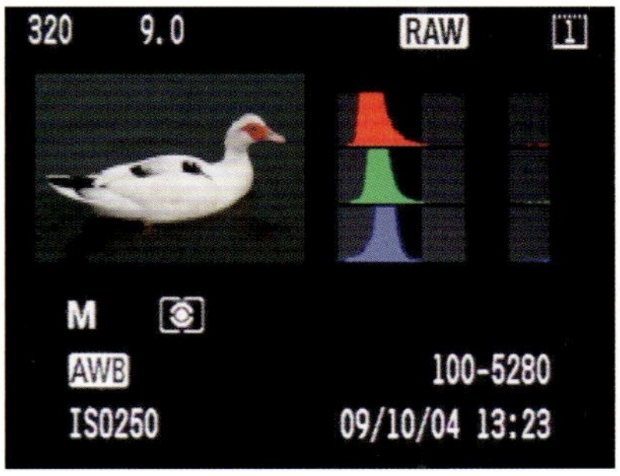

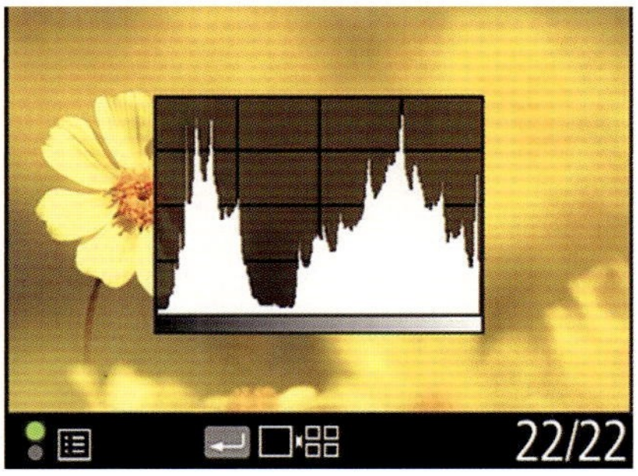

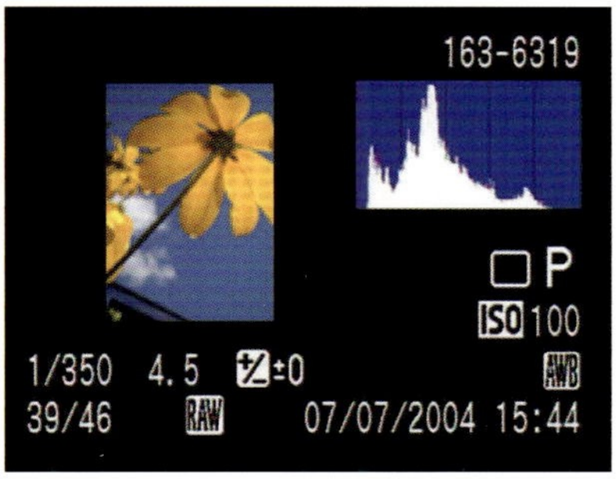

第四章：

光线探索

光线是曝光的关键因素，其强度更是具有决定性意义。然而，光线之于摄影，远非数量这么简单。为了理解曝光，你同样还需要理解光线质量以及相机对光线质量的分析处理方式。学习这方面的知识，除了要考虑光线的客观性（相当于光量）之外，还要考虑它对你而言的主观性表达。不同光源的特征会让图片效果大相径庭：试想一下正午的强光与一支蜡烛的柔光。

光源在色彩上也会有所不同。在许多情况下，这种差别非常明显，只是你也许无法明确量化这种差别。你可能把某些光源（如烛光以及落日余晖等）说成是“暖光”。实际上，不同光源在光线质量与色彩方面存在极大差别，而每一个细微之处都会被相机放大突出。

本章内容探讨欣赏颜色的方法，最终实现出色的曝光控制。我们将仔细讨论光线与颜色的基础知识与相机拍摄的方式以及在摄影探索方面你自己的解读所带来的意义。

日落余晖下的帆船

由于日光角度非常低，只有帆船的帆被最后一丝余晖所照射，海面已经处在阴影当中。由于角度低的原因，日光被严重过滤，只提供一道亮光。对角线构图尽管并不常见，但增强了帆船与地平线之间的对称。

色温

我们的眼睛对周围世界有着惊人的解读能力。从灿烂的日光到昏暗的室内，从点亮日光灯的房间到烛光柔和的居室，眼睛都能对亮度、色彩与色调的每一个细微变化做出补偿，而数码相机的传感器都未能做到这一点。传感器对色彩的记录要客观得多，它所记录的色彩虽然从技术上讲很准确，但未必总能达到摄影师希望在最终成像里所表现的效果。

客观记录色彩的差异可用术语“色温”来描述。色温把所有光源描绘成一个温度，等级范围从暖光源（如燃烧的火焰与蜡烛）的深红色，到传统灯泡的橘红色，再到更为明亮的白色与蓝色（如日光、卤素灯泡及晴朗的天空等）。

从摄影角度讲，这个等级范围存在不协调的地方，以我们所知的基础物理知识马上就能认识到这一点。就摄影而言，高色温（如蓝色）光源被认为是冷光，而低色温光源（如日出或日落）则被认为是暖光。出于这个原因，最好把色温等级视为颜色等级，而不是温度等级。

对摄影师来说，这个等级的基础是普通的正午日光——晴天正午时分的光线，被界定为5500K［单位是开尔文（Kelvin），而并不是像许多人所说的，度数为开尔文］。就色调而言，这基本上属于中间色调，相机传感器就是根据这个设定来设置的（传统日光型胶卷也是根据它来保持平衡的）。如果拍摄场景的光源色温比它低，所拍摄的照片可能会出现较暖的红色色偏；如果色温较高，则是较冷的蓝色色偏。

色偏校正

当然，校正色偏的最佳方法就是保证自己不要一开始就立即拍摄，也就是说，需要你首先调整相机白平衡（见第46-49页）以确保中性平衡。

如果以原始格式（RAW）进行拍摄，相机就不会记录任何白平衡信息，你可以使用RAW处理软件来进行校正。其他图像文件格式将会保留光源色温所产生的色偏，这可通过图像处理软件来校正。但是这种校正的程度相比起拍摄前，在

暖光与冷光

暖光或冷光可让图片效果产生天壤之别。这张照片的色温已被修改，呈现出暖调照片（A）与冷调照片（B）之间的差异。哪一个效果最好？我们直觉地就把注意力投向暖调那一张，但通常来说，最佳光线并不等于最准确的光线。在（A）与（B）的对照中，色调比较冷的照片是由相机直接拍摄，而暖调那张则稍微经过了数字处理。

相机中预设好白平衡或记录下RAW格式再后期校正存在一定程度的限制。

如果碰到混合照明光源，困难就出现了。用来补偿其中任一光源所做的校正都会对其他光源产生不利影响，也许会加深这些光源所产生的色偏。在这种情况下，如果混合照明是个问题，你必须借助彩色校正技术来降低（或增强）特定的色偏情况。

小贴士

色温等级究竟是怎样界定的

如果你想知道开尔文色温等级是如何界定的，这完全要归结于一种黑体辐射器。从物理学上讲，这是一种假设的物体，将向其提供的能量辐射出去。随着你提供的能量越来越多——通过加热——它先放射热能，然后随着能量的增加，就变成了光。光的颜色取决于加热的温度，也就是色温等级的基础。

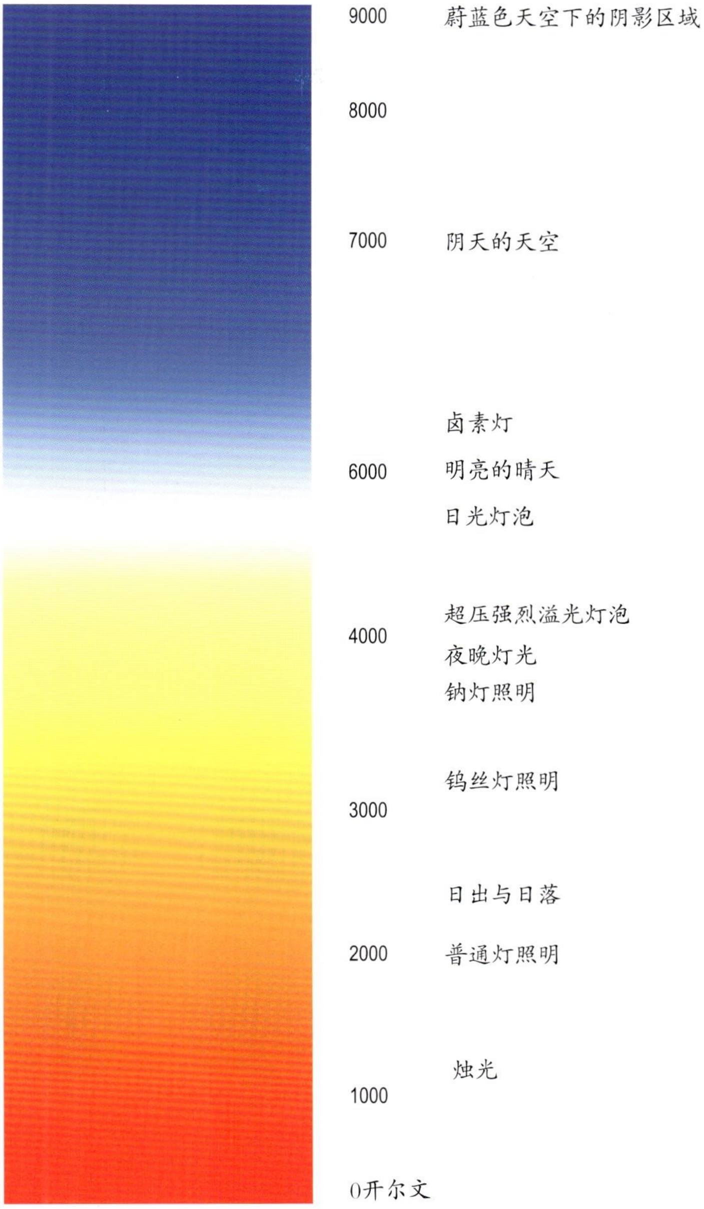

色温等级表

色温

在世界各地，一天里的色温大不相同，拍摄效果则呈现着多样化。

3000　　2000　　1000　　0

了解白平衡

作为一名摄影师，特定色温的光源所呈现的色调对摄影非常重要。你可能希望烛光场景呈现温暖的光辉，或者雪景中流露明亮的、清冷的蓝色调。然而，当你想要消除任何色偏，制作一张没有任何偏差的图像时，就会有许许多多的情况需要了解。

如果你是由传统的胶卷相机逐渐过渡到数码摄影，那么你可能还记得有两种主要的胶片类型：日光型胶片与人工照明型胶片。你可以在一种光源下使用另外一种胶片，但需要使用彩色校正滤光镜来防止色偏现象。如果你不使用滤光镜，用适合户外拍摄的胶卷在室内进行拍摄，那么拍出来的照片就会出现强烈的橙色/琥珀色色偏。然而在数码时代，彩色校正滤光镜已经被一种数字化技术所取代，即使是最简单的数码相机都具备这个功能——白平衡。

在对研究色温的过程当中（见第44页），我们提到有些光源（比如钨丝灯照明）如何产生橙色与红色等色偏现象，而有些则会产生蓝色色偏。传统彩色校正滤光镜会中和每种色偏，让图片色彩更为自然真实，但其实真正做到完全还原非常难（除非借助色温表与专门的彩色补偿滤光镜）。不过使用数码相机，即使照明环境非常复杂，仍然能保证拍摄出来的图片没有色偏。

白平衡控制的原理很简单：你设定相机取景的哪个部分应为白色（或者至少为中间色调），相机就会确定这个要求与真正的中间色调之间的差别，然后对取景中的所有颜色进行相应的调整。

小贴士

白平衡与原始图像

如果你选择用原始文件来拍摄图片，就不要对图片进行白平衡校正，可以任意设定最适合图片的白平衡模式。

色彩平衡

随着相机白平衡功能被调到钨丝灯功能（适合室内照明），拍摄图片（A）的模式应设定为“晴天”，或者至少设定为“自动”模式。由于不正确的白平衡设定，造成图片（A）蓝色色偏非常明显。只要白平衡设定正确，色偏问题在图片（B）中就不见了，整个画面色彩平衡效果很自然，图中绿色区域最为明显。

内置白平衡控制

根据不同相机型号，通常有三种不同的白平衡控制模式：自动、手动与预设。

自动白平衡功能 可连续调整白平衡，这非常适用于普通拍摄（拍摄照明环境为混合光源，“预设”模式不适合），但有时如果是对稍微有些不同的风景进行快速连续拍摄，可能会导致图片效果有些不一致。

手动白平衡功能 可让你根据取景中的某个中性元素或18%灰卡来设定白平衡。灰卡对校准相机内置测光表非常有用。

预设白平衡功能 为标准照明条件（如晴天、阴天、钨丝灯与荧光灯等）提供预设。如果在某一种光源占主导地位的情况下拍摄，可调至相应照明条件选项即可。

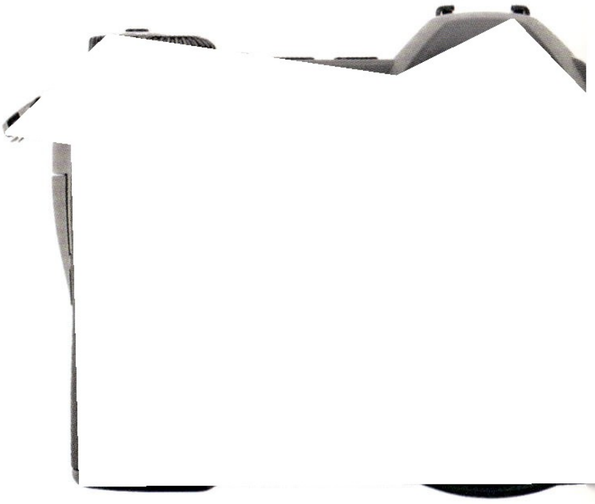

自动白平衡测定

大多数相机都通过图像传感器的输出信息来评估色彩平衡。有些相机（比如奥林巴斯E1）则使用混合系统。这个小窗口隐藏着一个色彩传感器，对取景中的色彩进行评估，并将它与图像传感器白平衡相比较。传感器位于透明玻璃窗后面，工作方式类似于入射光测光表（见第36页），吸收入射光，由此提供白平衡校正。

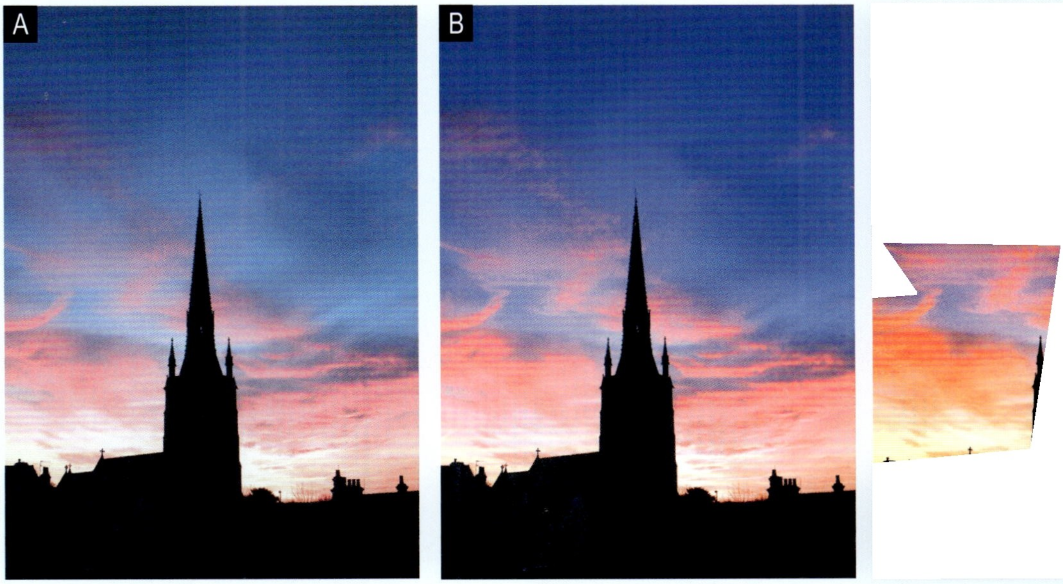

增强色偏

图片（A）与（B）分别使用自动白平衡与晴天模式进行拍摄。最后一张图片（C）使用Photoshop（见第49页表格）模拟暖调81C滤光镜效果加以处理，增强了琥珀色色偏。

强调色偏

有创意的摄影师并不总是想消除色偏。试想一个生动的日落画面：白平衡会让色彩在灰蒙蒙的天空映衬下略显苍白。在这种情况下，你可能会希望将白平衡模式设为特定照明类型以加强或者甚至夸大色偏现象。如果是拍摄日落，你可以对多云的天空设置成“预设”模式（以突出红色色偏）。另外，如果想要让室内拍摄看起来比较温暖，可选择日光型白平衡。

白平衡设定

两个取景，六种不同设定。使用不同白平衡设定对这两个取景分别进行拍摄，其中包括自动模式（基本上由相机决定效果好坏）与手动模式（根据灰卡参考数来设定）。在不同情况下，差别非常细微，而有些则非常明显。哪一个才是最佳设定？似乎并无明确答案。对于这两个取景，技术上准确的设定为手动模式。然而，让花朵与街景呈现效果最佳的模式分别为钨丝灯与晴天。需要牢记一点就是，技术准确与感知准确有时候大相径庭。这也是为什么越来越多的摄影师更喜欢处理原始图像，对没有任何干预的图片（就白平衡而言）进行校正，而不是对已经被校正过的图片作进一步校正。

自动

手动

晴天

阴天

钨丝灯

荧光灯

为不同照明类型校正

一般来说，我们需要通过白平衡的调整来校正不同照明类型的色温，然而，由于照明的实际颜色或色调在不同情况下会出现一些偏差。右表为我们列举了一些不同照明条件以及提供等效校正的传统摄影滤光镜的概要情况。

当你可以利用相机内置设定或使用软件来回避偏色问题时，为什么还要费心去学习这些滤光镜的使用方法呢？其实，相机自动白平衡模式的设定可能不准确，或者根本就没有即时地做设定。那么，当你将图片下载到电脑上时，图像处理应用软件让你可以得到使用摄影滤光镜的效果。当你保存或使用未作任何白平衡修改的原始图像时，后期的再调整显得尤为重要。最后，白平衡校正并不总会像使用种类丰富的数字滤光镜所进行的校正那般精确。

还应注意一点，不同型号相机之间白平衡设定方面也存在一些差异，精确的校正还需要使用不同的滤光镜效果软件来实现。

照明	白平衡模式	滤光镜
中午日光	阴天	81B
蓝天，无云	阴天	85A
晴天，有一些云彩	晴天	无
晴天，阴影处	阴影	81C
阴天	阴天	81B
晌午/下午日光，有一些云彩	阴天/阴影	81A
上午，日出后；下午，日落前	阴天	81A
日落前1个小时，日出后1个小时	阴影	81A
日落	无*	无*
电子闪光灯	闪光灯	无
普通灯照明（钨丝灯泡，100瓦）	钨丝灯	80A
节能灯泡**	荧光灯	82C
荧光灯**	荧光灯	82C
钨丝照相灯泡	钨丝灯	80A
烛光	钨丝灯	80A

*取决于颜色效果：拍摄日落的目的是为了捕捉日落的色彩，因此可能需要运用滤光作用或彩色校正来增强此效果。

**这些灯泡的光谱会因不同类型与厂商而有所变化；这里引用的数值是代表适合最常见类型的平均值。

数码照片滤光镜

很长时间以来，Photoshop都具有一系列滤镜效果，但奇怪的是，直到第7版本问世，才添加了一套可仿效摄影滤光镜的滤光镜功能。选择Image>Adjustments>Photo Filters就可找到这些功能。通过数码照片滤光镜（Photo Filters）对话框，可在一系列"真正的"摄影滤光镜中任意选择，或者点击色彩按钮，就会从色彩模式中出现各种颜色。你还可以通过使用"密度"滑动块来改变色彩强度。如果你继续选中"保持亮度"对话框，整个图片的亮度将不会因为使用滤光镜而受到任何影响。它的效果与真正的滤光镜相类似，软件会通过修改曝光对滤光镜密度进行补偿。

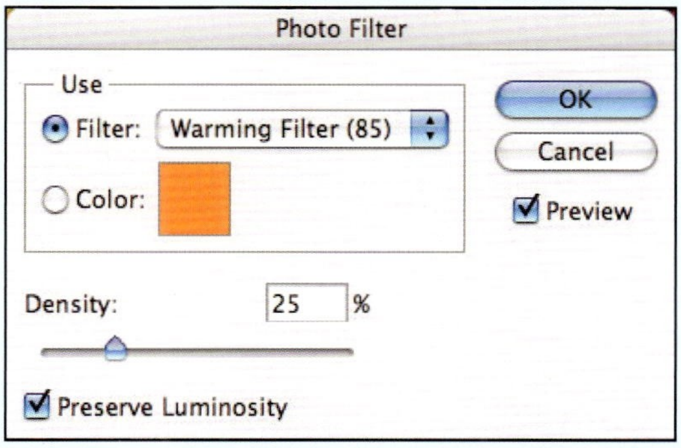

PHOTOSHOP滤光镜

Photoshop中Photo Filters（照片滤光镜）对话框

第五章：

拍摄精彩图片

成功测取测光读数——这就是出色曝光的最重要步骤。一张照片获取正确曝光取决于几个因素。有些因素是客观决定的，如光线角度与测光方式；有些则属于主观决定性因素，比如你对拍摄景物的主观取舍以及脑海中的想象等。在前几章内容当中，我们已经了解测光的技术性细节以及光线的性质对拍摄效果会产生什么样的影响。现在，我们应该需要更进一步了解你应如何整合这些知识，帮助自己控制曝光——让光线与相机为你服务。

你什么时候能够直接采纳测光表上的读数来设定你的曝光数据？如何改变指定曝光（通过曝光补偿或添加配件）来获得最佳拍摄效果？如何让取景器中的取景符合脑海中的印象？这些只不过是你需要留心的几个问题，本章内容将对此都有所探讨。

日落海岸线

这张照片中的主要光线来自夕阳的直接照射以及云彩反射的日光。为了保留住云朵中的色彩，以及前景岩石的颜色，对曝光进行仔细评定就显得至关重要。摄影师对明亮的云朵进行测光，然后再降低一个曝光值进行曝光，得到最佳效果。

阳光16法则

首先我们先看看一个专业秘诀，这个秘诀避开了通常与测光曝光有关的技术问题。它无意取代优秀的曝光测定技术，但某一天它可能会帮上大忙。

在相机所有组件当中，人们最花费心思的就算曝光测定系统了。你也已经看到，无论碰到怎样极端的情况，它都保持了惊人的准确性。但许多专业摄影师在拍摄过程中往往忽略测光表而借助一种约定的法则，这一点倒颇令人惊讶。它就是“阳光16法则”，当你没有测光表或者不信任测光表的时候，它几乎总能保证你拍摄出堪称完美的照片。

这条法则适用于日出后和日落前大约两小时。假如拍摄时天空晴朗，没有薄雾或任何污染物，你可将曝光设定为：光圈f/16，感光度ISO100，快门速度对应感光度，即为1/100秒（或如大多数相机所显示的1/125秒）。

阳光16法则适用于世界上任何一个地方。尽管它本来为顺光拍摄而设计，但同样也适用于侧光的拍摄环境。通常来说，在侧光拍摄时你需要增大半挡光圈来进行补偿。或者，如果你无法完全确定曝光是否正确，可进行包围曝光（见第56页）。这条法则谈不上完美，但却是一个极好的应急选择。

注意：相机液晶显示屏上的测光显示对曝光来说具有很好的指导意义，但不能说完美。然而通过阳光16法则可以获取比较准确的曝光。

小贴士

阳光16法则在晴朗的天气状况下有用，但是如果天气条件不是阳光明媚，又会怎样？你可以按照以下所显示的内容对法则进行延伸，光圈随着进光量下降而逐渐增大。

光圈	天空状况
f/16	晴朗、透视点高
f/11	薄雾、轻微多云
f/8	多云
f/5.6	严重多云

阳光16法则

尽管这张图片使用手动曝光设定（根据这条法则），但它成功地捕捉到了亮处与阴影处的细节，如丑角颈部四周的白色褶领与门道。

阳光16法则与景深

如果你想使用阳光16法则，也可以不仅仅使用f/16。如果你希望通过使用不同光圈来改变景深，你可以做出以下相应设定。

光圈	快门速度
f/5.6	1/1000秒
f/8	1/500秒
f/11	1/250秒
f/16	1/125秒
f/22	1/60秒
f/28	1/30秒
f/32	1/15秒

当然，你也可以对感光度与其他参数作出相应调整（感光度为200时，最佳快门速度为1/200秒）。

修改法则

这张照片是在充分的阳光下拍摄，景深比我使用光圈f/16（这会让背景中的水看起来也很清晰）时要浅。另外，由于光线从侧面射过来，我需要半挡光圈的曝光补偿。因此，曝光设定为光圈f/5.6，快门速度1/750秒。

法则起源

早在20世纪30年代测光表尚未被广泛使用的时候，摄影师们就已经很熟悉阳光16法则。即便市面上开始出现测光表，测光表也不是很准确，所以，将测光表读数与阳光16法则进行比较成为当时最流行的校准与调节方法。

日落时分的苍鹭

尽管是日落摄影，这张图片采用的仍是阳光16法则。这种情况下采用该法则，可以在色彩饱和的日落背景下拍摄到这只苍鹭完美的剪影。

拍摄原始图像

无论应用何种测光技巧还是选择阳光16法则（见第58页），你都需要就怎样拍摄一幅照片来做些决定。第一个决定可能也是最基础的决定，那就是以什么格式来记录图片。是选择相机的虚拟默认、JPEG、TIFF还是原始图像（RAW）。

始终用相机自动模式拍摄照片永远也无法获得最完美的拍摄效果。同样，专业摄影师会说，除了原始图像格式，用其他任何格式来记录图像都会削弱图片效果。那么，原始图像到底是什么，我们为什么要考虑用原始图像格式?

原始图像格式与JPEG与TIFF处理图片的方式不同，尤其就JPEG而言，它会对图片进行大量压缩。而原始图像格式是直接从相机的图像传感器获得的，未经任何处理。

如果与用胶卷拍摄的照片进行比较，很容易就能看到原始图像的重要性，它可以说是数码负片，常规的JPEG或TIFF图片就是由原始负片冲洗出来的照片。区别在哪里呢? 照片虽然是由原始负片洗印出来的，但在洗印过程中，冲印曝光设备会按照它认为的洗印标准设定

小贴士

记录原始文件

原始图像文件这种说法似乎有点不妥当；它并不像TIFF或JPEG文件格式是属于被严格规定的格式。也就是说并不是所有的应用软件都能够解译所有原始文件。如果你打算以原始文件拍摄，请先确认你的图像编辑软件可以接受该格式。你会发现，如果你相机的原始图像格式比较模糊，相机厂商可能会提供一个合适的应用软件或解决方案，让文件适用更为广泛。

原始数据

尽管原始文件是数码图像质量的关键所在，但它依然还是优缺点并存。

优点

·原始图像格式是一个不失真的格式；在保存为该格式的过程中，不会牺牲或流失任何数据（与有损耗的JPEG格式相比，后者会丢失大量数据）。

·原始图像格式使用较高的色彩位数。这也就是说，在拍摄过程中可以记录阴影与最亮处的更多细节，使影调的过渡更为丰富和平稳。

·在后期用Photoshop对原始图像的可调整程度远远大于普通软件或相机预设程序处理。

·原始图像避开了相机中自动对白平衡与锐化等进行的控制，这样一来，你就可以在后期根据自己的需要来设定这些处理数值。这在图像处理阶段赋予你相当大的自由。

缺点

·原始格式占据更多存储空间：与JPEG或TIFF格式相比，同样数量的原始文件需要更多的储存卡或更大储存容量。

·原始格式被写入储存卡的时间更长——这可能会降低高速连拍的图片数量，增加拍摄之间的等待时间。

·每一张图像都需要处理。原始图像就是最原始的，需要经过软件处理才能得到最佳效果。

·并不是所有相机在拍摄之后都能在液晶显示屏上显示原始图像，这意味着你可能需要凭感觉来拍摄。

·每类相机之间的原始图像格式有所不同，并不是所有图像编辑软件都可读取或相互兼容。

是否应该总是以原始图像格式来拍摄? 我们不妨听听专业摄影师的意见：对于图像格式的选择，有些因在比较受限的拍摄条件下必须保留原始图像格式，有些则不需要，这归结于你对特定拍摄所看重的程度。

对图片的颜色、对比度与色调等进行调整。这也是为什么那些洗印出来的壮观的日落以及色彩绚丽的加勒比海风景总是比印象中要苍白平淡很多——比原始负片显示的效果平淡。

当你拍摄JPEG或TIFF格式数码照片时，从传感器产生的数据在相机内经历类似转换。颜色、对比度与其他数值（包括锐度）都被改动，表面上好像便于摄影师处理图片，然而，令人遗憾的是，在这么做的过程当中，有些原始数据可能就损失了。处于原始状态的图片或许没什么太多值得欣赏的地方，但如果稍作处理，它所保有的图片质量以及允许调整的曝光宽容度都是已处理图像无法比拟的。

原始图像

直接由相机拍摄获得的原始图像（A）多少会让人有些失望（对光线复杂的拍摄对象更是如此），明显少了JPEG或TIFF图像所具有的视觉冲击力。然而，只要稍作处理，就会从原始图像中挖掘出更多潜在信息，图片效果会有明显改善（B）。

包围曝光

接下来需要明白的就是，一次性拍摄成功常常取决于你的测光表、相机使用的熟练程度以及摄影技巧，为保险起见，采用包围曝光多拍几张是个明智之举。

在拍摄任何照片的时候，也许出于创意考虑，你需要改变快门速度/光圈组合值，或者对取景中过于明亮或黯淡的元素进行相应的曝光调整。无论是哪种情况，你都相信相机所建议的曝光没有问题。这个假设真的很合理吗？总的来说是这样的，但在比较特殊的情况下相机测光系统也会失误。

专业摄影师，尤其是那些从使用胶卷开始拍摄的摄影师，很长时间以来就意识到想要拍出绝对精彩的图片，依赖相机曝光系统或自己的技巧是不明智的做法，因为这只能提供一个近似值而已。拍摄的照明场景中的光线越复杂，这个近似值就越不准确。

微妙差别的包围曝光

像这种情况的特征就是阴影与高光形成高反差，而在构图中中间影调调占据大片区域。摄影师在这里进行了包围曝光，每幅照片之间的差别为1/3挡曝光值。结果表明没有“绝对正确的”图片效果（理论上曝光正确的是用红线标框的那幅）。另外，拍摄此类场景也可尝试使用其他技巧，如高级动态范围成像等。

小贴士

自动包围曝光

许多数码相机都具备一个自动包围曝光功能，称作AEB。一旦选定该功能，相机就会自动拍摄照片，对拍摄对象进行正确的曝光并在这个正确曝光值下继续进行拍摄。当你设置AEB，你可以规定拍摄次数以及每次拍摄之间的曝光增量。

那么解决方案呢？就是既不要相信相机，也不要相信自己，进行包围曝光。包围曝光需要对每个场景进行多次拍摄，每次都使用不同的曝光值。在拍摄过程当中，需要用理论上“正确”的曝光拍摄一次，然后再在这个曝光值下进行另外一次（或多次）拍摄，这往往可以根据摄影师的经验与感觉而设定。

回到胶片时代（当时每次拍摄都涉及成本投入），大多数摄影师都不愿意利用包围曝光进行大量拍摄。只有那些具有商业价值的画报（或广告）的拍摄才会多拍摄一些。既然现在拍摄只是占据储存卡空间，而非耗费成本，你就可以“挥霍”一点。可以考虑在每次拍摄之间的曝光改变1/3挡曝光值（比如1/3挡光圈）来观察最终成像的细微差别。

为什么要包围曝光

包围曝光很重要，甚至可以说具有决定性的作用，因为相机测光系统通常可能都会被落在其上的入射光所蒙骗。相机厂商为自己的产品花费大量的时间来给测光系统设定程序，这样它就能识别许多场景，然后通过与参考数值进行比较给摄影师提供曝光建议。这也是如今的相机能够保证获得正确曝光的原因。然而，还是会有失误的时候，或者你的意图只是想对图片的某个特定部分进行曝光，包围曝光可以保证让你进行更加全面地处理拍摄过程。

还有一个问题就是当后期图像处理软件通常都能校正曝光错误时为什么还需要进行包围曝光？因为尽管图像处理软件通常都能校正曝光错误，但它无法确保提供必要细节以及阴影与高光之间的渐变。比如说，如果没有因为过度曝光记录的尽可能多的图像数据，没有哪个图像软件能够做出漂亮的高亮效果。

什么时候该选择包围曝光呢？

忘记这样一些说法吧，“随时准备包围曝光”。这么做通常要有充足的时间与大容量储存卡来作保证。还是建议你在光线非常棘手的情况下再考虑包围曝光，也就是说，如果阴影或高光较强，或者根据主观经验判断出增加或减少曝光（与标准相比）通常会让拍摄比较成功的时候，就毫不犹豫地使用包围曝光吧！

小贴士

何时使用曝光不足

如果你无法做到包围曝光，并又对曝光有所担心，可以选择适度的曝光不足——与曝光过度相比，图像处理软件更善于从曝光不足造成的暗部区域提取信息。

日落

第一张图片（A）使用中央重点测光测算了天空与剪影景物的曝光数据。结果是天空变得毫无光彩可言，色泽全被冲淡。（B）通过将曝光时间缩短一半，将光圈缩小1挡曝光值，色彩有所增强之外，在第一张图片中被冲淡的细节也变得丰富起来。缩小2挡曝光值所造成的曝光不足让图片效果大有不同。尽管（C）在技术上所谓曝光不足，但却成就了三张照片中最精彩的一张。而根据经验如果进一步减少曝光，将会使图片变得过于暗沉。

成功测取测光读数

希望到现在为止，你已经很清楚拍摄时在曝光方面需要注意哪些事情。现在，来讨论一下如何成功测取测光读数来帮助我们拍摄成功的照片。

当某个取景的亮度范围非常大的时候，你需要记录最亮与最暗部分的细节，这就应该对曝光控制的使用深思熟虑了。既要充分利用相机图像传感器中的宽容度，同时又不能让图片中比较重要的部分超过这个范围。

通常这需要对取景中的中间亮度范围进行评估。就像特别灵光的音乐家对音准和音质等方面的听力非常敏锐一样，摄影师对亮度的敏感度也要很高。不过这种能力培养起来并不十分困难，利用它能对构图中的景物进行评估，以确定应该如何设定曝光。

不同的效果

通常来说，图像从显示屏（A）洗印到相纸（B）上后看起来会比较暗沉，而且明暗差别更加强烈。这很正常。所以为了保留某些暗沉区域的细节，你可能需要对图片进行数字化处理（通过修改色阶滑块来调整，详细内容见第96页）。

显示屏VS洗印

图像在电脑显示屏上的显示与洗印出来的效果之间的差别令许多人感到惊讶。完美的色彩处理可以确保色彩的真实性，但在亮度与曝光范围方面还是会有差异。在显示屏上，图像始终看起来比较明亮，而由于媒介的性质关系，洗印出来的图像对比度会有所不同（对比度是图像中最亮与最暗区域之间的对比——在相纸上会比较低），而且没有那么明亮，这就需要在后期进行适当的微调以保证洗印出的照片效果能达到最佳。

对于数码摄影师来说，好消息就是与大多数传统负片相比（与反转片、幻灯片相比更是如此），相机图像传感器的宽容度要大很多。这也就是说，它准确记录的亮度范围更宽，这样一来，极亮的区域就不会被冲淡，或者阴影部分也不会只是毫无细节的一片模糊。

那么，如何才能最好的驾驭取景中的亮度范围并对其进行正确曝光？一个比较好的方法就是看一下分区曝光系统，这是许多摄影师的一个制胜法宝。对于风景摄影尤其如此，因为获取正确的亮度范围十分重要。

认识分区曝光系统

分区曝光系统虽不是安塞尔·亚当斯的独创发明，但是由他开创使用，分区曝光系统是让高对比度场景获得最佳拍摄效果的一种专门并有效的方法。同时，它还是预先估计取景亮度范围的一个好方法。在该系统中，中灰——与18%灰卡的反射率对应——被指定为第5区。10个区从0区（纯黑）开始，代表等量递增的深色区。同样地，对于亮色区，10区代表亮白色。

数码相机传感器可准确地记录7个区以上，所以，通过对取景中最明亮与最暗沉部分地分析，可用一个适中的曝光设定来充分利用传感器宽容度（有时被称作目标亮度范围）恰当地曝光。这将会保证取景中只有极明亮或极暗沉的部分落入传感器范围之外。

你可以把这看作类似于在镜头上设定景深。在这种情况下，你可确定处在聚焦点前后最近与最远的点。之后，你将相机对准这两点之间的某一个位置（不一定非要在两点正中间）上，而这个点上聚焦会将其前后景深范围内的景物都清晰记录下来。

尽管非常有效，但这只是分区曝光系统的基本概要内容，不过它足以作为曝光设定的基础。

正常亮度范围

在这张图片当中，最亮与最暗区域之间的亮度范围大约为6级曝光量。在高光与暗区的中间部位测光会获得比较理想的曝光效果。

1.最亮的测试区域（1区）
2.最暗的测试区域（2区）
3.中亮度区域（3区）
4.浓重阴影–忽略

1
2

使用基本的分区曝光系统

为了对曝光做出明智判断，在取景中弄清以下内容很重要：

・取景中的亮度范围

・亮度范围是否能被容纳在传感器宽容度范围内

・从取景中的哪个区域测取决定性读数

・这么做的最佳方法是什么？选择一个场景，对选定区域进行测光。尽管你可以在脑海中处理这些，但是在最初的几次尝试中，将测取读数记录下来还是非常有用的。

・开始的时候选择构图中最明亮的那一点，这不一定就是颜色最浅的那个点，对这一点进行测光。

・选择你需要拍摄的细节中最暗的区域。同样，这不一定是色彩最深的区域比如黑色区域。

・计算最浅与最暗区域之间曝光量或光圈的差值。

・如果差值达到6级光圈左右（这里不必过于精确），适应亮度范围应该就没什么问题。以中间的曝光值进行拍摄（这对评估取景以及训练眼力发现相同亮级的区域都非常有用）。在这种情况下拍摄出的照片，你对电脑显示屏与相纸上的图像进行研究，应该能观察到整个范围内的细节。

较宽的亮度范围

在这个取景当中，最亮区与最暗阴影之间的亮度范围大约为9挡光圈。尽管整个取景的细节已经超出图像传感器范围，对曝光仔细评估之后，可保证对高光与阴影进行曝光的同时尽可能多地保留细节。

图片中最亮与最暗的区域分别用1和2来表示，分别对应1区与9区（近似）。如果你对相当于5区的区域进行曝光，你可能会丢失最亮与最暗部分的细节。比较满意的结果可能是对比平均影调更明亮的区域进行测光，相当于第4区。这样你可能就会捕捉到阴影处的所有细节（尽管以牺牲8区与9区的亮区为代价）。否则，如果亮区很重要（例如拍摄瀑布或婚纱），你可能需要对相当于6区的比较明亮的区域进行测光，这样1区与2区的细节就会消失。

1.最亮的测光区（1区）
2.最暗的测光区（2区）

高对比度场景

如果取景中的光比较大，你通常需要做出决定：是对亮区、暗区还是中间色调调进行曝光？这个决定需要以对关键部位的测定为基础。下面两张照片中，对亮区进行曝光并不会产生满意效果（A）：亮区虽然得到较好的曝光，但大部分阴影区域却成了没有层次的黑色。

对中间色调调（石块较暗的那一侧）进行测光，所拍摄图片的效果会显得比较平衡（B）。在阴影区域能看到更多细节，画面更加令人满意。而曝光差别只有1.5挡。这就表明改变曝光会对图片的某个部分产生多么明显的变化，在这种情况下还可防止图片变得模糊不清。毋庸置疑，这是平衡图像效果的一个很好的举措。随着曝光技术的娴熟，视觉能力也会更为敏锐，你就能够判断哪些部分会对构图构成影响。许许多多细微差别也证实了包围曝光的必要性。

对亮区进行测光

对中间影调进行测光

教堂座位

日光透过中世纪花饰窗格而扩散开，照射在教堂座位上，这就需要做仔细的曝光评估。摄影师对阳光照射的明亮区域进行点测光，然后将曝光缩减1挡曝光值。这让门框依然显得明亮，但突出了浓郁的蜂蜜色。减少曝光可进一步增加饱和度，但代价却是让周围的石雕工艺陷入了浓重的阴影当中。

宽亮度范围（大光比）

试着想想当亮度范围变大时，会发生什么情况？这就到了你施展摄影技巧和判断力的时候了。为了感觉一下宽亮度范围由什么因素所组成，可以重复这样一个程序，不妨选择一个亮度范围比较大的场景进行尝试，如被正午日光照射的风景进行尝试或者海滩要么雪景也可以。

在这些情况下，你可能会发现亮度范围有9挡光圈以上。在不损害照片整体效果的前提下，你会牺牲哪个区域？这总是要取决于拍摄对象。例如，如果要拍摄沙滩风景，对沙滩上的所有拍摄对象都进行正确曝光，这可能意味着沙子会变得过于明亮，或者天空中的细节消失不见。

对于风景拍摄，你可能希望保留阴影区域的细节，于是不得不以再次牺牲天空层次来成全这一点。因此，不妨使用像渐变滤光镜（见第66页）等附件将亮度范围控制在可拍摄范围之内。

对于这些极其特殊的拍摄情况，还有一个办法就是使用高动态范围技术——依靠数字技术用不同部位正常曝光所得图像合并以扩大亮度范围，这个亮度范围可被容纳进一张照片里面（第68-69页的内容就是有关拍摄此类照片，所涉及的数字技术在第102-105页有所讨论）。

亮度范围如果很宽，当对重要的中间影调进行曝光时，高光与阴影区域的细节不可避免地会消失，可能会碰到有些专业摄影师所说的高光过亮或者阴影无层次。马上我们就会讨论这两个说法的具体含义。

胶片拍摄

数码拍摄

数字传感器VS胶卷

在评估曝光影调时，与胶片相比，曝光宽容度更大的数字传感器会赋予你更多自由。对于这两张照片，建筑外墙作为了测光点。用胶卷（Fuji Velvia, ISO 100）拍摄的那张照片处在阴影中的细节有所流失，左上角的云彩显得过亮。相比之下，数码拍摄保留住了阴影与云彩中的细节。这让摄影师在做图像处理时会有更多选择。这张照片是拉科克修道院凸窗外观，很好地体现了福克斯·塔尔伯特的创意特色（拉科克修道院是现代摄影之父福克斯·塔尔伯特故居）。

高光过亮与阴影浓重

摄影师通常都会谈论高光过亮与阴影浓重这两个话题。这两种概念到底是什么意思？如今通过图像处理软件对任何图像缺陷都能进行修正，那它们还是什么重要的问题吗？

首先回答第二个问题，的确，它们依然是重要的问题。图像处理软件无法加工没有记录下来的图像层次，如果仔细研究图像锐化功能，你就可以极其清楚地看出这一点。比如，Photoshop中的锐化让你能够对图片进行锐化，但图像效果最终无法真正等同于用具有相同锐度的镜头所拍摄的照片。尽管在后期中锐度可能会有所提高，但却不会往图像中补充一开始就未能捕捉到的细节。

高光与阴影也是如此。首先考虑一下高光。如果一个构图中的亮度范围很宽，你可能会对图片的主要部分进行曝光。颜色较浅的部分可能被记录下来，但那些过于明亮的部分则或许会落在传感器记录范围之外，因此就丢失了。于是，我们认识到，超过一定亮度，传感器就无法记录更多的层次：这些区域，被记录下来的最亮区呈现出白色，但这白色里不会记录任何图像数据。

白色衬衣

举例说明，亮区细节为何容易丢失。在这张照片中被拍摄下来的两个年轻人站在被日光照射的巷口，总的来说，他们身上穿的白色衬衣曝光正确，但被日光直接照射的部分却是过亮的，上面根本看不清什么细节。如何才能确定呢？将亮度（使用亮度/对比度控制）降到零，这些区域尽管暗淡下来，但仍旧缺失细节层次。而其他所有区域暗淡下来之后，细节依然保留。

浓重的阴影

相反，图像的某些部分可能会太暗，处在相机传感器可记录的最低门槛或之外。我们可以从这张照片里可以看到，暗部区域没有任何细节。即使我们调整亮度控制，仍然看不到细节。这里没有拍摄下来任何细节，任何数字技术上的调整也只会提高图像中的随机数字噪点。在这张照片中（通常情况下也是如此），背景阴影区域细节在很大程度上已经丢失。

日光下的白色衬衣

在这张图片中，除了被日光照射的白色衬衫之外，对整个图像的曝光是准确的。但衬衫亮部没有记录下来任何细节。这是高光过亮的一个典型实例。

高光过亮

如何验证高光是否过亮呢？将亮度降到零，高光仍然是全白，没有任何细节就属于高光过亮。

曝光值

曝光值如何与实际的照明条件对等起来？在右表中，曝光值对应着相当于同强度的典型照明场景。下表是与曝光值相对应的不同光圈/快门速度组合值。

曝光值（EV）	典型的照明条件
−6	只有天光与星光的夜晚
−5	没有人工照明，但有月光（月亮为只有四天的新月）的夜晚
−4	没有人工照明，但有月光（月亮为半月）的夜晚
−3	没有人工照明，但有月光（月亮为全月）的夜晚
−2	没有人工照明，全月及反射风景（如雪景）的夜晚
−1，0	昏暗的周围人工照明，远处昏暗的街灯
1	远处天际线灯光
2	8公里的照明平均值（定时曝光）
3	空中绽放的烟花平均值（定时曝光）；烛光肖像
4	泛光灯照明的建筑物与城市风景
5	只有人工照明的室内；被篝火照明的拍摄对象
6	明亮的室内；夜间游乐场
7	舞台表演、音乐会、夜间体育比赛场地；灯光明亮的街道
8	商场橱窗、明亮的市中心照明（广告牌等）、白炽光源
9	日光角度为水平线以下3度的风景； 聚光灯照射下的舞台拍摄对象
10	日光角度为水平线以下1度的风景
11	普通日落；早间/夜间开阔阴影区的拍摄对象
12	户外、阴沉天空下的拍摄对象
13	户外、轻微多云下的拍摄对象
14	户外、适度薄雾下的拍摄对象
15	户外、明亮日光或略带薄雾日光下的拍摄对象
16	晴朗蓝天下、覆盖有砂石或白雪的拍摄对象
17	耀眼的人工照明；近距离、极其明亮的聚光灯照明

不同光圈/快门速度组合值下的曝光值

快门速度	光圈（光圈值）												
(1/sec)	1.0	1.4	2.0	2.8	4.0	5.6	8.0	11	16	22	32	45	64
1	0	1	2	3	4	5	6	7	8	9	10	11	12
2	1	2	3	4	5	6	7	8	9	10	11	12	13
4	2	3	4	5	6	7	8	9	10	11	12	13	14
8	3	4	5	6	7	8	9	10	11	12	13	14	15
15	4	5	6	7	8	9	10	11	12	13	14	15	16
30	5	6	7	8	9	10	11	12	13	14	15	16	17
60	6	7	8	9	10	11	12	13	14	15	16	17	18
125	7	8	9	10	11	12	13	14	15	16	17	18	19
250	8	9	10	11	12	13	14	15	16	17	18	19	20
500	9	10	11	12	13	14	15	16	17	18	19	20	21
1000	10	11	12	13	14	15	16	17	18	19	20	21	22
2000	11	12	13	14	15	16	17	18	19	20	21	22	23
4000	12	13	14	15	16	17	18	19	20	21	22	23	24

渐变滤光镜

当取景动态范围处于合理范围（从照明角度来看）时，包围曝光与分区曝光等技术对于保证获得准确曝光而言没有问题。然而，如果取景中出现不同亮度对比的两个区域时会是什么情况？比如风景与天空。如何在不损害一个区域的情况下忠实地记录另外一个部分呢？所有风景摄影师的摄影包中曾经都有一只渐变滤光镜，但数字技术让其中许多滤光镜都被闲置一旁，这其实非常可惜，因为它们仍能够发挥重要作用。

渐变滤光镜是一种透明的彩色滤光镜，颜色向滤光镜底端位置递减。渐变滤光镜有各种颜色（包括中灰滤光镜）与不同密度，颜色最暗的部分与减小1或2挡光圈的进光量相对应。尽管它们可用作特别效果，但也可以被有创意地用来使一张照片里的曝光变得均衡——通常是用来减暗天空部分，否则用与风景同样的曝光组合无法对过于明亮的天空部分进行准确记录。有些摄影师会指出，可以用图像处理软件来降低天空亮度，降低到一个程度就准确了。令人遗憾的是，这尽管可以降低天空的明显曝光，但并不总是能够挽回天空区域的所有图像信息。所以一开始获得比较均衡的曝光才更可取。

用渐变滤光镜进行测光

在相机镜头前放置一块渐变滤光镜，测光系统会自动进行补偿。测光系统对纯色滤光镜与其他类型的滤光镜（如偏振滤光镜）所做的自动补偿都有用，但却不适用于渐变滤光镜，因为自动补偿倾向于适应天空亮度较低的部分，并同时对其他部分增加曝光。

明亮的云彩

整个日落场景的温暖色调与层次分明、纹理清晰的云彩相得益彰。然而，由于明亮的日光照射，在传统的拍摄中，沙滩、天空很难同时正确曝光（A）。我对天空部分添加了相当于减2挡曝光量的渐变滤光镜，云彩现在变得非常壮观（B）。

小贴士

渐变滤光镜的转变效果因根据所选用光圈而有所不同。如果是小光圈（f/16,f/22），效果的转变会比较急剧和精确。如果是大光圈，转变要平缓得多，因为你可能不希望为了渐变滤光镜而被迫调整光圈，所以专业级别渐变滤光镜的厂商会提供多种不同程度的转变效果。

在使用渐变滤光镜之前进行测光十分重要，它能让你对自己希望准确曝光的部分测取出正确的读数。你需要使用曝光锁定（见第33页）来保证做到这一点，当你把滤光镜安装在镜头前的时候，曝光值不会发生变化。鉴于一般拍摄风景的时候可以从容操作，你甚至可以采用全手动曝光模式，此时就不需要曝光锁定。在暗部，渐变滤光镜最大的遮光量为1~3挡。

渐变滤光镜定位

与纯色滤光镜不同，正确放置渐变滤光镜，才能产生正确效果。摆在镜头中央位置，渐变效果就从中央位置开始。渐变效果通常需要与视平线对应，所以你可能需要根据构图将滤光镜推上、推下、甚至稍微相对于镜头进行旋转。

A

B

增强的日落效果

对天空进行曝光的日落图片通常都会让前景置于剪影当中。而在这里，保留前景低角度照明很重要。尽管光线不错，但地面要比天空昏暗得多（A）。同样，在天空部分使用渐变滤光镜可以帮助摄影师实现均衡曝光，体现出天空浓郁的蓝色与地面的黄色（B）。

渐变滤光镜颜色

为保留风景颜色的的原貌，灰色或中性渐变滤光镜是最好的选择。但如果想让清澈的天空看起来更加饱和，或者需要加强乌云密布的效果，蓝色渐变滤光镜会起到很好的作用。如果把滤光镜为照片加强色彩的功能再进一步发挥出来，可用绿色与蓝色渐变滤光镜来增加草地的饱和度，并能为缺乏光泽的海景增添一丝天蓝色的色调。

捕捉高亮度范围

那么，正如我们已经看到的，通过技术干预（添加一块渐变滤光镜）对所拍摄的图像进行微调，就可以在拥有不同照明的场景中制造比较均衡的照明效果。而其实只要照明（或反射率）适度均衡，包围曝光也能帮助你获得正确曝光。

A

B

C

三种曝光

在第一张图片（A）中，曝光（基于光线进入相机的数量）正确，但河水与天空之间的高对比度意味着这两者都未得到最佳曝光。只需过度曝光1挡光圈（+1挡曝光值），我们可以看到更多阴影细节（B）。曝光不足1挡光圈（–1挡曝光值），则呈现出更多天空的细节（C）。

渐变滤光镜的效果非常好，它会弥补在明暗区域之间形成的那道明显的分界线——比如，就像你看到的地平线。但是，如果一块（甚至多块）渐变滤光镜对图像中的明暗分布方式无法进行补偿，那我们应如何处理?

当进行包围曝光的时候，结果拍摄出来的图像曝光不足，但却对明亮的天空记录准确。过度曝光的图像也许能够适当地记录前景部分。如果你能够将这两张图片中的正确曝光部分（如果亮度范围较大，则需要覆盖更多层次的包围曝光）结合到一张图像当中岂不是堪称完美？这就是高动态范围摄影（简称HDR摄影）的基本原理。HDR技术是取两个或多个图像的最佳曝光元素生成一张合成图像，而合成图像的曝光是根本无法从一次拍摄中获得的。

威尼斯清晨

威尼斯大运河上的晨曦成就了这张令人思绪万千的影像。直接拍摄（上页，A）基本上可以说是对取景的如实再现，但几乎与记忆当中的印象不符合。天空过于明亮而显得毫无特征，城市风景则完全在阴影的笼罩之下。

有了更多曝光的经验，你就会意识到直接曝光相对于包围曝光来说（加1挡光圈拍摄一次，再减1挡光圈拍摄一次）所存在的缺点，隐没在阴影中的细节以及天空中的细致纹理，在直接拍摄的图像中很难被保留住。

取出这三次拍摄的最佳元素合并到一张图片（第102–105页）当中，产生了一张令人印象深刻的图像。仅用包围曝光的其中一张是做不到这一点的，当图像中光比对比强烈时，它为拍摄出精美的高动态摄影场景提供充分保证。

小贴士

亮度与动态范围

在数码摄影当中，较宽的亮度范围用“高动态范围”来描述会更加准确。同时你会看到“动态范围”这个词常用来说明与软件有关的内容，比如会用来描述影像传感器的效能。

HDR合成图像

从+1、0与−1挡曝光值补偿的图像中分别取最适合的数据，才制作成这张令人印象深刻的合成图。一次拍摄不可能达到这种效果，它也并不是真实景象的忠实再现，但通过Courtesy HDR软件制作后的图像效果视觉冲击力确实非常强烈。

特写与微距摄影

拍摄特写与微距照片在传统上属于专门领域，需要特定的微距镜头或近摄接圈，其设计是为了让常规镜头的聚焦点能够对准靠近镜头前透镜的拍摄对象。对于要求不是那么苛刻的作品，可以使用近摄镜，近摄镜可像滤光镜那样贴在相机镜头上面使用。

对于数码相机，按照常规比例拍摄对象与特写拍摄几乎没什么区别。大多数相机的测光系统都善于对短距离的拍摄范围进行补偿——镜头可允许特写拍摄，曝光系统会对所使用的全部辅助特写设备自动进行曝光补偿。

在这里，你可能会遇到的潜在问题在于使用非内置测光系统（见第30页）的相机在近距离拍摄时，相机镜头与测光表测量的范围可能有偏差，不完全一致。

小贴士

数字微距摄影优势

由于焦距无需受到标准胶卷帧画幅的大小的限制，因此在谈到特写与微距摄影时，数码相机就具有某种优势。袖珍数码相机的这种优势可谓最明显。受其传感器大小与镜头配置的影响，你通常会发现袖珍数码相机在无需任何特殊设备的情况下能够很擅长拍摄特写图像，甚至超特写图像。

环形闪光灯

环形闪光灯与镜头前面相连接，可提供较为平均的顺光照明。

近距拍摄

对于这张图像，相机很容易就能对准焦点，但由于大片的暗色背景，曝光可能会有所失误。对花朵本身进行点测光可防止曝光过度。

超近距拍摄

许多数码相机无需任何特殊设置或设备就可拍摄特写图像。对于这张花朵图片，选定的是相机微距模式，而且相机距离花瓣大约只有3英寸（7厘米）。由于花朵占满整个画面，曝光按照全自动+1EV计算。

曝光错误

小卡片相机的测光系统所提供的曝光读数可能会有问题，因为这些系统是为测取位于透镜光轴延伸线上远处上的物体的曝光读数而设计。在拍摄特写时，拍摄对象可能会位于测光表测量范围以外或会被镜头遮挡住。

如何才能避免不正确的读数?你可以将相机向下倾斜，在测取曝光读数的时候，将测光窗口先对准拍摄对象，然后再对相机重新构图。或者，直接通过灰卡测取读数，这种方法通常比较成功。

特写与微距拍摄照明

特写与微距摄影中出现的照明问题并不仅属于数码相机的特有问题。特写拍摄时，相机镜头（以及相机本身）距离拍摄对象的正面非常近，相机对拍摄对象投射阴影的可能性就非常高，因此几乎就没有机会从相机背后对拍摄对象进行照明。

此时相机自带的闪光灯也起不到任何作用，因为镜头通常都会把拍摄对象挡住，将它置于阴影当中。你的选择非常有限：你可以自己创造适度范围内的摄影棚照明配置，或者使用一个环形闪光灯。将环形闪光灯安装在镜头的滤光镜螺纹上，它可提供均衡的正面照明，所有控制（在照明等级与日光保持平衡以及曝光补偿等方面）与标准的闪光灯无异。

景深

在微距摄影中，景深十分小，焦点变得非常关键。通常来说，增加亮度（不论是自然光线或闪光灯）并使用非常小的光圈会让拍摄效果更为成功，需要我们记住的是，要以光圈优先模式进行拍摄。

微型世界

这张微距拍摄的图片非常成功，不仅因为拍摄对象很清晰，而且曝光也很精确，每个细节都被很好地呈现。而且应注意这一点，通过适中光圈至大光圈的使用，背景因失焦而变得模糊，这为拍摄对象提供了不错的背景。

夜间与弱光摄影

对于大多数摄影师而言，太阳落山是收起相机的一个信号。这其实有点可惜，因为在弱光条件下进行拍摄可能会得到颇为壮观的照片。当然，弱光条件可能会造成特定的曝光问题，但拍摄效果绝对值得一试。

如今的许多测光表甚至在亮度非常低的情况下都能够测定正确曝光，这是一件好事。这里涉及两方面的技巧：应将测光表对准图像的什么位置进行测光以及如何解读所提供的读数。需要对读数进行解读，而不仅仅只是依赖读数，因为测光表认为准确的曝光对你将要拍摄的图像并不一定准确。在光线较亮的条件下进行拍摄，亘是如此，需要你对拍摄数据进行修改才能获得最佳效果。

暮色

暮色中的色彩之丰富通常是肉眼无法完全感知的，而相机记录了一切。但对于日落的拍摄，进行适度曝光不足可获得比较饱和的色彩。

噪点的风险

胶片时代，弱光拍摄时会遇到胶片颗粒的问题。胶卷的敏感度越高，颗粒就越大。尽管性质有所不同，但数字摄影的技术进步并未消除这个缺点。现在，颗粒问题转变成了噪点问题，其产生有两个主要原因：长时间曝光与高感光度设置。

长时间曝光噪点

当你尝试使用越来越长时间的曝光，随机电子波动就有机会积聚，在图像中这就被诠释为噪点。有些相机具有巧妙的噪点降低模式，被称作暗帧分析。通过将拍摄时间调整为所期望的拍摄时长，但是关闭快门进行全黑拍摄，相机会产生可能影响到当前主要拍摄的热电流噪点形式图，并在随后的正常拍摄中做相应补偿。

高感光度噪点

ISO的值如果设定在高感光度挡，通常可允许你使用小光圈及（或）更短时间曝光来为你提高创作自由度。然而，ISO值越高，信噪比就越差。也就是说，当感光度增加到一定程度，噪点级别就会增强，对图像质量造成损害，如果噪点级别较低，就很容易被图像像素所掩盖。

小贴士

弱光曝光设定

在弱光条件下进行拍摄时，如果你想不出一个基础曝光设定，可以首先对天空测取读数，然后将曝光缩减1挡。这样做可以提高曝光成功率，参考相机液晶显示屏上的测光数据，如果认为有必要可对之进行修改。不论是拍摄暮色中的城市风景，还是拍摄日落景观或在昏暗阴沉的条件下拍摄，这种对策都非常好用，甚至在夜深人静的城市中心，这种方法依然有效——即便是对受到污染的天空也能提供准确读数。当然，如果你在没有一丝光亮的夜间拍摄，天空中又是一片黑暗，这种方法肯定无法发挥作用。

太空照相机

对于所有常规的数码单反相机来说，佳能EOS20Da（基于佳能EOS20D设计）相机最适合弱光摄影与特定的天文摄影。它可以胜任一般数码单反相机所能完成的拍摄，但在某些细微又重要的方面，它还是有别于同类相机，这是因为该相机在图像传感器前面有一块低通滤光镜，是专门针对太空摄影而设计的，这让它能够完美记录漫射的微红物体（如星云）。图像也可以传送到电视监视器上进行更为关键的图像分析。

外太空探索者

EOS20Da可对外太空物体进行拍摄，这需要使用非常长时间的曝光，但不会出现与常规数码单反相机相同的诸多问题（如噪点）。

细节

后缀“a”表明该相机最适合天文摄影。

数字噪点

较高的ISO设定值就会使噪点增加。在这张图片中，摄影师充分利用了数字噪点，将其增强之后令图像呈现出胶片颗粒的感觉。

夜间光源

说一句不言自明的道理，摄影需要光线。在夜间拍摄也是如此。评估夜间场景或弱光场景时，需要从两个方面意识到光源在图像中的作用。

首先，需要清楚光线级别。许多人在第一次拍摄夜景时就被曝光值给难住了。比如，拍摄泛光灯照明的建筑，他们可能会设定长时间曝光与大光圈。拍摄游乐场旋转木马时，可能也是如此。在这两种情况下，结果都是曝光过度。请记住，如果你在日光下拍摄建筑或旋转木马，用短时间曝光与小光圈就能成功记录光线与照明。因此，在夜间拍摄时，不妨用较长时间的快门速度和小光圈尝试一下。

第二，在夜间，大多数光源都为人工照明，这些人工照明对白平衡会产生很大影响，回忆我们之前讨论过的色偏问题，你需要做出的决定是，希望色偏占据图像重要地位还是取消色偏？当然，如果你选择了以原始图像格式进行拍摄，那么也可以到图像处理阶段再做选择。

获得夜间与弱光摄影的最佳效果

对于弱光摄影，基本曝光原则仍然适用，只不过想要获得最佳效果的话，就需要基本设定进行修改了。

包围曝光

包围曝光在比较明亮的光线下非常有用，对于弱光条件下的拍摄则更是如此。实际上，当你研究一组包围曝光图片时，可能会发现很难找到所谓完美的曝光——其中好几张照片都堪称精彩。往往每一张照片看起来都有些不同，但判断哪一张效果最好，最终取决于你自己。

手动对焦

相机自动聚焦装置在明亮与中等亮度条件下非常灵敏，而在低光照条件下，它很难能迅速抓住准确焦距。对于单反相机，这可能有点令人生厌——因为相机会来回搜寻以找到最佳焦距。此时采用手动对焦可以尽可能的节约拍摄时间。

三脚架

除非光线充足（在这种情况下，严格来说算不得“弱光摄影”），否则绝对有必要为相机配备一个稳定支架。通常是指三脚架。然而，如果携带（或使用）三脚架不方便，你可以临时将相机支撑在任何方便的支撑物上面。

在大光比范围下使用高动态范围技术

傍晚与夜间光影的变化甚至比白天还要丰富。仅仅一张照片的取景中可能就由明亮的光源（如霓虹灯、街灯与汽车前灯）、比较微弱的光源（也许是月光与星光）以及两者之间的任何光源所构成。没什么可能让你在一张图像中记录下所有这些光源的最佳效果，因此，大范围地进行包围曝光以及使用HDR技术（见第69页）来制作最终的合并图像是个好办法。

利用渐暗的日光

傍晚光线胜过夜间光线。如果你选择在夜间或在暮色中分别拍摄，后者通常能拍摄出效果很棒的照片。因为那时的光线比较丰富，这就意味着图像里的光线也会很丰富。尤其是深蓝色（如果你特别幸运的话，可能是深红色）的天穹能为影像提供一个很好的背景，而远非毫无层次的黑色背景。

熟悉相机控制设置

当你低头看相机所有旋钮和控制盘的时候，可能知道如何对这些控制设置进行调节，但是在夜间什么都看不见的情况下，你是否同样还有信心熟练操作呢？如何在不看相机的情况下进行调节，这绝对值得一试。

小贴士

噪点

在相机传感器上，噪点可随时在什么地方出现。它们看起来就像明亮的星星，在光线低暗的条件下以及使用较长时间的曝光拍摄时（30秒以上）会比较明显。噪点的出现是因为在没有光线落在被摄物体表面上时，传感器记录光线会产生空缺处，这空缺处也可聚集电荷。由于电荷被诠释为入射光，这也就成为相机电子设备所看到的内容。除了避免长时间曝光外，还没有什么有效预防办法。

城市夜景

当夜幕降临在城市上空，城市中的照明系统就取代了日光。在暮色中拍摄可实现极佳的拍摄效果：在这张图片中，城市灯光让我们看到海港的边界，并衬托出远处山上的点点灯光。随着夜晚的到来，天空将是一片漆黑，海港与远山可能都会失去层次。

第六章：

闪光曝光

对摄影来说最关键的一个因素就是光线，光线总是变幻无常。在很多时候，再多的准备工作与工具装备都难以防止它可能对我们摄影工作的破坏。有多少次就因为一朵云彩破坏了我们一生难得一遇的风景；有多少回因为一片恼人的阴影破坏了一幅精彩的肖像？许多摄影师对于自然光线的不稳定性采取了回避的态度，退入摄影棚就显得不足为奇了。

当然，闪光灯与辅助照明不应只局限在摄影棚。在很多情况下，闪光灯同样可以在户外创造奇迹，对周围日光起到增强效果。通过本章内容，你会掌握如何利用闪光灯系统获得完美曝光，如何将周围光线与闪光灯相结合。你还会发现如何使用特殊技巧——比如高调照明与低调照明，以及尤其适合闪光灯与辅助照明的技巧等。

多闪光灯肖像

这张肖像摄影使用了两个闪光灯。一个是用柔和、扩散的闪光灯照射在拍摄对象的面部，另外一个是比较强烈的闪光灯直接照射在拍摄对象的右肩上，以加重头发轮廓。

利用闪光灯拍摄

闪光灯的持续时间非常短——千分之一秒或万分之一秒——快门速度与之相比显得微不足道：所以我们只能通过改变镜头光圈大小或闪光灯的持续时间或强度来改变曝光。

使用闪光灯，你可以对其进行完全控制。既可以使用嵌在相机里的单闪灯，也可以在拍摄对象周围设定多只闪光灯进行拍摄。闪光灯照明与环境光线最大的区别在于它的照明距离有限：闪光灯照明强度会随着距离拉长而减弱。尽管所有常规光源也是如此，但这种减弱程度遵循的是平方反比定律：拍摄对象与闪光灯之间的距离增加一倍，曝光值就会减少到四分之一；距离增加两倍，曝光值就会变成九分之一。

使用闪光灯

当然，闪光灯的使用方法有多种。在有些情况下，闪光灯可能是唯一的光源：一个（或多个）闪光灯装置会成为某个场景完全的照明。还可以使用闪光灯来为周围光线补光。最常见的是用闪光灯为阴影部分提供照明或为拍摄提供更平衡的光线影调，也就是通常所说的补光闪光。如今的闪光灯装置都具备很高的自动功能，与相机一体化的程度也非常高。精密闪光灯的作用与某些相机高端的曝光系统极为相似，只需摄影师稍加干预就能拍摄出令人印象深刻的图像效果。

闪光测定模式

一个闪光灯装置至少具备一种操作模式。正如你可能所期待的，装置越精密，提供的模式就越多，提供的控制就越全面。因此，所有闪光灯装置至少会提供以下一种模式；但有的也提供了全部三种模式。

手动模式

在这个最基本的模式当中，相机与闪光灯系统相连，快门打开的那一刹那闪光灯也同时启动。除非另有设定，闪光灯输出的都是最大值。由于相机与闪光灯相互独立，所以需要由摄影师设定控制（光圈、快门与ISO）来与闪光灯级别相匹配。

补光闪光

你是否倾向于在明亮的日光下使用闪光灯？如果你希望避免由于明亮日光而产生的浓重阴影，尤其是当日光直射在拍摄对象身上形成阴影时，那么答案就是肯定的。补光闪光就是将闪光灯装置的闪光与周围照明的亮度进行平衡。尽管有些相机/闪光灯组合会自动计算合适的平衡闪光（通常只需选择“补光闪光”模式或同等模式即可），但你也可以手动调节来设定适当的补光闪曝光值别。

设定好相机，对取景进行一次曝光准确地拍摄，对没有处在阴影部分的背景或周围环境进行测定。将闪光灯设定为“自动”或“TTL”模式，然后再增加1挡曝光。如果是自动模式，可以通过增加1挡光圈做到这一点，或者在TTL模式下增加1挡曝光值的闪光曝光补偿。看一下拍摄效果，如有必要，可将闪曝光值依次增加1/3个曝光值来进行微调。如果效果满意，将设定值记录下来，以备日后补光闪光拍摄时使用。

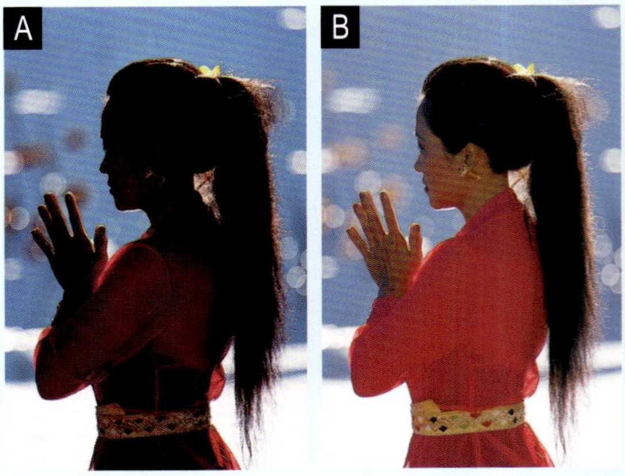

补光闪光

如果没有使用闪光灯，明亮的日光就导致拍摄对象处在浓重的阴影当中（A）。对阴影区域使用闪光灯，会为整幅图像得到均衡的曝光（B）。

自动模式

在自动模式下，闪光灯传感器会监测从拍摄对象那里反射回来的闪光强度。当反射光数量达到预设水平（比如ISO设置以及相机光圈设置与/或闪光灯上进行预设），闪光灯就不会再继续闪光。

闪光灯传感器位于闪光灯上一个小窗口的后面。如果你的闪光灯可以旋转，或者能够将闪光灯头倾斜，传感器始终能对准拍摄对象。与相机中央重点测光极为相像，闪光灯传感器对反射光测取读数同样侧重于一个在传感器前面大约30度宽的区域。

TTL模式

使用闪光灯装置里的传感器可产生良好的拍摄效果，但也只能是提供一个大致的反应，并不能与所有使用的镜头完全匹配。最佳测定方式是使用一个通过相机镜头来测光的传感器，其原理与相机的主要测光系统相同，只有这样，测得的闪光读数才会考虑安装的镜头类型以及可能会安装在镜头上的任何辅助滤光镜。相机与闪光灯之间的连接会使相机设定情况传输到闪光灯装置，这样一来闪光灯就会提供最合适的光输出量。

最全面的TTL功能通常都是由那些与特定相机型号匹配的闪光灯装置所提供；这些闪光灯装置通常都是由相机厂商生产。这些闪光灯系统不仅能够识别所附镜头，而且还能够识别其他特殊装置、焦距与变焦比，并对闪光灯进行相应调整。

通常而言，闪光灯直接安装在相机上（或者通过一根数据传输线相连接），但是如果闪光灯的位置需要与相机保持一段距离，或者需要使用多台闪光灯装置，那么在相机上就需要安装一个无线控制器可以监测与控制闪光灯的光输出。

哪个才是最佳使用模式？顺序应当是TTL、自动、手动模式。TTL通常是最有效的一种模式，所适用的情况也最宽泛。如果有必要做一些与闪光灯系统的“设定规范”不符的事情，那么可调到“手动”模式。你可利用液晶显示屏来查看效果。

补充闪光

这是一个阳光明媚的天气，对于拍摄鲜艳的颜色堪称完美，但就是这片带来生动色彩的阳光也会产生明显的阴影。适度的补充闪光可照亮阴影，让拍摄光线变得均匀很多。拍摄效果看起来完全自然，与不使用补充照明的拍摄效果相比，给人的印象要深刻得多。

反光板

为了实现比较均衡的光线效果，也可使用图中的反光板可将光线反射至阴影区域。在使用补光闪光灯照亮阴影区域（闪光可能到达不了阴影区域）时，反光板也非常有用。

不同相机曝光模式下的闪光灯使用情况

当你试图在相机不同的曝光模式下使用闪光灯时，会发生什么情况？以下内容就相机如何处理这些模式给出一个简明的介绍。这里做了一个假设，假设所使用的闪光灯装置与所使用相机相匹配。顺便说一下你的相机可能不支持所有这些模式。另外，闪光灯与曝光模式之间的关系可能会因相机厂商与型号不同而有所改变。在此前提下可以将下列内容作为指南，用自己的相机与闪光灯装置进行尝试，以确保获得最佳拍摄效果。

光圈优先模式

设定光圈之后，快门会做出相应的反应。假定拍摄对象处在闪光的有效距离内，曝光会很准确。你需要确定周围光线的亮度与闪光灯之间是否保持适当平衡，或者也可使用液晶显示屏回放直接观察以获得线索。

快门优先模式

在你设定好快门速度之后，闪光灯输出会根据相机光圈自行设定情况来做相应调整。如果你希望捕捉拍摄对象的动作，尤其是想要利用闪光灯的瞬间输出凝固快速的动作，该模式可能会非常有用。

全自动模式

当曝光值测定（通过相机测定）在许可范围内，闪光灯会自动闪光而不论你是否希望如此。通常来说，这样的拍摄效果都不太平衡——因为拍摄对象如果处在曝光准确的情况下，就会影响到后面的背景。

手动模式

如果闪光灯仍然为自动或TTL模式，它会提供适量的闪光来照亮取景；如果设定相机模式为手动控制，光圈太大或者对于周围照明来说曝光时间太长，可能会导致曝光过度。如果同样把闪光灯装置设为手动模式，你需要根据拍摄对象距离以及相机的模式设定来设置闪光灯输出。

程序模式

程序模式各不相同，但通常来说，在最平常的情况下，闪光灯与周围光线之间会有一个良好的平衡。

自然摄影

多台闪光灯装置如环形闪光灯或装有滤光镜的闪光灯装置，对自然摄影来说非常理想。这张图片中，在拍摄对象右侧摆放了一只闪光灯，另外一只闪光灯从上面倾斜照向拍摄对象，拍摄对象受到强光照射。这里可利用闪光强度随着距离越远而逐渐削弱的原理，让拍摄对象从黑色背景中脱离出来。

测定闪光灯曝光值

为了对相机进行准确设置，你如何测取闪光灯所产生的光数量?最简单的办法是使用测光表。这是一种专门用来测定瞬间闪光的测光表（一些标准的测光表也把闪光测光作为一项功能）。

如果没有测光表，你可以使用一种经过反复测试过的计算方法，利用闪光灯的闪光指数（GN）来计算所需光圈。每一个闪光灯都有一个与输出成比例的闪光指数。那么，当相机设定为ISO 100时：

GN=距离（米）×光圈，
或者光圈=GN/距离

闪光灯的说明书通常都会为你做好计算工作，提供固定的光圈数字。应当记住，闪光指数适用于闪光灯的最大输出功率。

当闪光灯的输出功率较低（直接照射拍摄对象）时，你仍然可以用上面的公式进行同样的计算。如果光量输出只有一半，那么曝光时间就需要增加一倍。

如果你使用的是运动模式，那么最好使用测光表来测定准确结果：反射表面的捉摸不定以及与拍摄对象距离反射表面的远近对结果都可产生显著影响。

摄影棚装置

这个简单的摄影棚装置使用了闪光灯结合造型灯设备，摄影师通过摆放照明设备的位置来获取最佳拍摄效果的常规照明。

简单的摄影棚照明系统

备有两盏不太昂贵的摄影棚照明灯，或者两台与相机相容的闪光灯，你就可以利用不同的光位与闪光强度来进行试验，并可直接从相机的液晶显示屏上观察拍摄效果。最理想的结果是既捕捉到拍摄对象的最佳状态，还避免了刺眼且产生阴影的光线。就像这两张照片的拍摄一样，你还可以用不同的背景来进行拍摄试验。

明亮的花瓶

对于这张图片，在拍摄对象的上方以及两侧各使用一只闪光灯。摄影师使用测光表从一张灰卡上测取读数，以获得最佳曝光。

深色花瓶

这张图片中的拍摄对象与前一张图片相同，只是摄影师更换了深色背景（与底座），而且只从拍摄对象的上方及左侧进行照明。为了实现深色的低调效果（见第84页），利用灰卡测取读数在这里就显得至关重要。

小贴士

闪光测光为反射光测光

无论使用自动模式还是TTL模式，闪光摄影所使用的测光方法为反射光测光方法（见第28页）。因此，熟悉反射光的测光方法以及拍摄对象的影调与读数之间有怎样的关系就变得非常重要。

微距闪光摄影

从较远距离拍摄小体积对象时，机顶闪光灯使用起来没问题，通常你会发现TTL与自动模式下的拍摄效果都不错。然而，当你对靠近相机镜头前透镜的较小的拍摄对象进行拍摄时，正常安装的闪光灯装置（即使用相机热靴）也极有可能会被镜筒挡住而无法更好地为拍摄对象提供照明。

将闪光灯设备从相机上拿下来就可以克服这个问题，为了保留TTL与自动模式的所有功能，要保证相机与闪光灯之间有正确的缆线连接，而不仅仅只是通常提供的触发连接电缆。

认真的微距摄影师可能需要购买微距闪光灯设备。可安装一个环形闪光灯头或多个小型闪光灯头，这两种闪光灯提供的低输出光量比较适合微距摄影。将闪光灯设备安装在滤光镜螺圈上能够提供较好的照明，闪光灯设备通常都具有造型灯（低功率照明灯）的特征，在拍摄之前可用来对照明进行设定。

环形闪光灯系统的好处是，能够拍摄令人印象深刻的图片效果，这一点毋庸置疑。由于安装在相机镜头上，携带非常方便。如果你需要迅速抓拍（在拍摄小动物时经常是这种情况），该系统可谓无与伦比。

微距闪光

像这款尼康相机可以使用多台闪光灯设备来为拍摄对象提供全面的照明方案。安装在相机热靴上的无线控制装置可控制这两台闪光灯设备以及其他可能使用的设备上，并在无线的情况下完全控制TTL模式。

青蛙

微距闪光灯可以做到在很小的范围内为拍摄对象提供细致的照明。即使是很小的拍摄对象，使用专门的微距照明也可以将闪光灯光线与周围光线进行完美的结合。

高调与低调肖像摄影

高调与低调摄影技术虽然不局限于闪光灯摄影，但当我们对照明有绝对的控制力时，实现起来会相对容易些。

低调肖像摄影

暗色调是低调摄影主要的特征。

高调肖像摄影

高调肖像摄影的特征是浅色调占支配地位。通过辅助照明或反光板的巧妙使用，阴影部分会被照亮。在传统摄影当中，我们可将这种照明描述成光比小，同时，正是这种照明方式下拍摄出来的肖像呈现一种浪漫或柔美的特征。

尽管曝光过度（与测光表所建议的读数相比）的确会为高调摄影提供良好的基础，但高调不完全等同于简单的曝光过度，注意到这一点十分重要。这个重要的过程是获得合适的照明，正如前面已经提到的，你需要确保不会出现明显的阴影区域。使用一套包括基本补光闪光灯的照明设备会比较理想。

下一页的图片中，在模特左侧使用一个闪光灯进行直接照射，另外一台闪光灯从背景提供照明，将背景过度曝光成白色，第三台闪光灯安装在相机上，目的是提供微妙的补光闪光照明。

低调肖像摄影

相反，低调肖像摄影将重点放在比较暗的影调上面。正如你可能所期望的，拍摄效果往往是那种流露阳刚之气的男性肖像。与高调摄影不同，高调摄影中可能只有少量暗部，而低调肖像摄影的主要特征通常是大片阴影都分占据整个图像。

右边这张图片中的拍摄对象只被一台闪光灯照射，光线经过柔光处理之后为他的右侧提供一般照明。柔光罩的使用保证了光线不过于刺眼。墙壁对拍摄对象左侧的适度反射意味着这一侧的阴影不会太重，防止了图片对比度过高。

利用PHOTOSHOP制造高调效果

适度的曝光过度（大约+1挡的曝光值）既能保证拍摄对象有足够的亮度，又能保持大的色调范围。如果是人像摄影，应对拍摄对象的皮肤处进行测光。

有时光线很明亮，但想要达到高调效果，你需要抑制暗部影调，而突出明亮的影调。最佳的方法就是使用图像处理软件。过去，摄影师会在暗房里处理图片，现在，你只要使用两种数字工具就可以实现同样的图像效果，这两种工具是：直方图与Dodge。

直方图工具（见图98页）可以让你改变原始图像的色调与构成最终图像色调之间的相似之处。通过调节图表中的曲线，原始图像的暗色调会变亮，且利用曲线控制还让你能够锁定所选择的级别，这样它们将不受任何影响。

原始图像

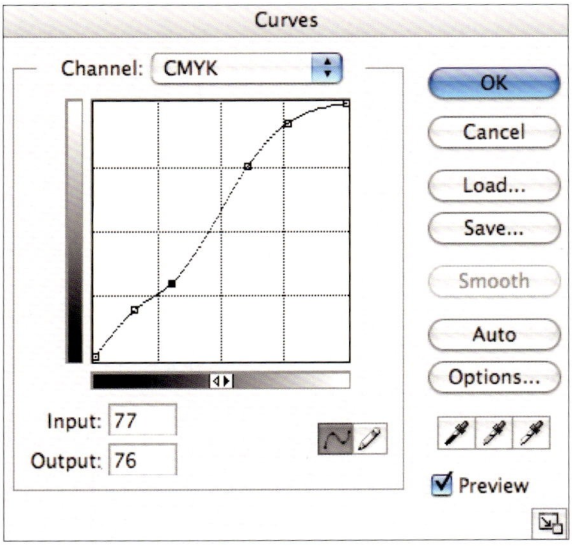

CURVE

适度改变曲线可以帮助你获得高调效果，调节根据实际情况而有所变化。在这个例子当中，调整曲线左侧底部可使较暗区域变亮；中间的平缓调节只适用于对中间色调提供适度照明；顶端隆起部分将浅色调变成纯白。
为了完成肖像的修饰，你需要对图像进行局部遮光。利用Dodge工具，让选定区域变亮。局部遮光需要巧妙处理（见98页），逐步使图像选中的中间色调或浅色调部分变亮，最终，可以使图片呈现出高调效果。

高调肖像

保留较少的暗部影调，让明亮的影调占据支配地位。这张照片的效果引人注目，且非常具有女性柔美气息。

第七章：

运用数字合成技术

即使最精于曝光的摄影师都知道拍摄效果并不总能尽如人意。原因可能有多种。你可能没有时间来测定准确曝光值，只能借助自动模式进行抓拍；也可能是无法对取景进行准确测光（亮度范围的问题）。这些问题都不是什么新鲜事。从摄影早期开始，在曝光方面，摄影师都容易出点小问题。然后他们还能够回到暗房——这里对摄影师来说相当于魔法师的巢穴，通过技艺娴熟的处理，可以掩盖绝大多数的错误。对于今天而言，暗房已经是历史名词，当初总结出来的经验技巧现在从数字图像处理软件中就可获得。

有人将数字暗房说成是传统暗房的继任者或接管者，这种说法并不是没有争议，现在仍然有很多摄影师会回避使用数字合成技术，原因是它具有“欺骗性，”导致最终图像与原始图像相差甚远。尽管颇受非议，但人们不得不承认，数字暗房对图像后期效果的增强——尽管具有欺骗性——但是化学制品不易达到的，同时我们还可以了解一些修图工具以及如何通过在拍摄时的小心处理来实现真正有冲击力的图像。

本章让你了解如何从曝光的角度完善图像效果，看看那些减弱或加强对比度的传统暗房工具如何进入数字领域。我们同时还可以了解克服图像缺点的纠正工具以及如何通过进一步措施来实现真正有冲击力的图像。

暮色

拍摄日落场景时光线瞬息万变，对比度范围变化很大，仅用相机内一个曝光设定无法进行拍摄。借助一些数字合成技术，可创作出在直接拍摄中丢失的影调与色彩。

处理原始文件

在讨论数字合成技术之前，我们需要从图像下载开始。如果图像在相机里的默认格式是JPEG或TIFF格式，你可以直接跳到编辑阶段。然而，如果你的记忆卡里选择的是保存原始（RAW）图像，你就需要使用RAW应用软件来输入图像（相机通常都提供这些软件）。由于RAW图像是原始图像，在输入过程中你可做一些初步修正。这里呈现的图像可代表大多数情况，由Photoshop提供，建议按照以下顺序进行修正。

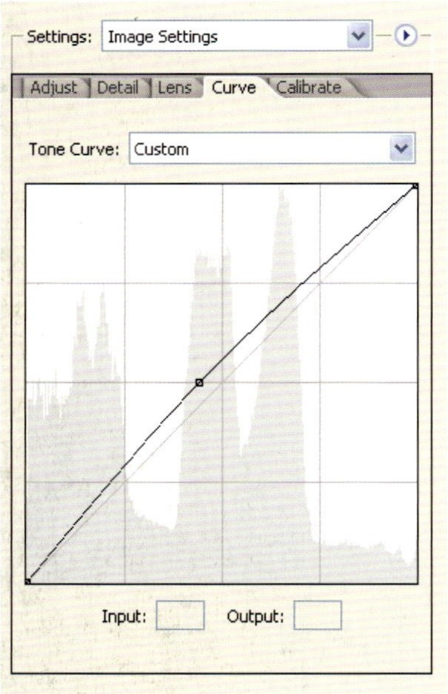

曲线控制

对直方图进行有创意的调节可将曝光调到十分精确程度。

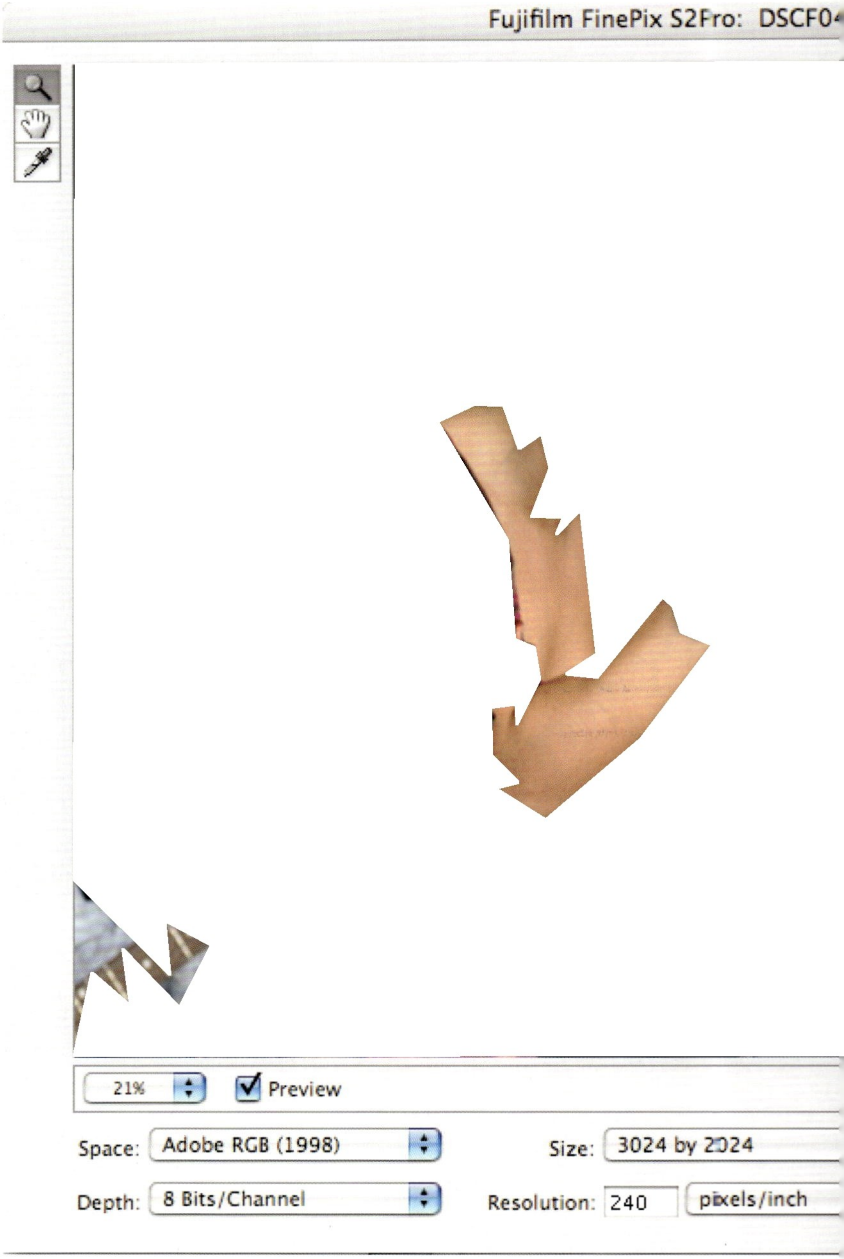

RAW工作流程

在处理RAW文件时，这里所描述的修正顺序最富有成效。

1.白平衡

使用RAW格式，相机需要进行手动校正白平衡。虽然有一些预设值（这里可从下拉菜单中选取），但你也可以使用滑块来设定色温或色调。

2.曝光

如有需要，在图像处理软件中可进行基础曝光纠正。有一个实用的诀窍就是选择“自动”按钮，看看软件里包含的专家系统可能会有什么建议，然后根据你的要求进行取舍。

3.阴影

左右移动阴影滑块可以保证图像阴影部分得到适当呈现。

4.亮度

亮度滑块调节图像的中间影调。滑块越靠右，图像的中间影调就越亮。进一步调整，最终会达到高调效果；滑块靠左，图像就比较暗沉。

5.对比度

对比度滑块可影响图像基调，对比度增加得越多，高光或阴影细节就越有可能消失。如果你发现需要增加对比度，这势必会对阴影或高光产生破坏，此时需再调整其他控制直到获得满意的效果。

6.饱和度

使用该控制可以添加或删除颜色。如果你对一幅肖像进行调节，饱和度太高，白色皮肤就会变得过红，相反，则会变得像贫血那样缺乏生气。

7.保存

对经过修正的图像进行保存，接下来就能合成图片了。

调节直方图

有些RAW文件转换软件使用直方图调节来替代亮度控制。如果你的应用软件也是这种情况，可通过移动中间滑块实现，稍微向上移动一点产生高调效果，稍微往下一点可让中间色调变暗。

调节直方图图表的其他部分也可修饰图片的其他内容。

修正曝光不足的照片

RAW格式的图像文件允许做出重大改善，然而对于修改某些不足（如曝光不足）却很少见效。当然，如果你使用的是其他格式，而不是RAW格式，在任何情况下都不会有修改的机会。

在讨论必要的修正工具之前，首先让我们了解一下如何纠正曝光不足：在大多数情况中，你都需要一个色调准确的图像来对其做出适当的评价。

许多人都理所当然地认为使用亮度/对比度控制就能修正曝光不足。你也可以尝试这种做法，有时会收到不错的效果。更为合理的办法是改用混合模式（Blend Modes），这种模式不仅能够进行比较细微的修改，而且还可按照比例对图像的各个部分进行调整。

像Photoshop这样的图像处理软件的确能够提供不止一种修正曝光不足的方法，熟练的摄影师对其中的每一种操作都很擅长。这并不是说哪种方法就一定正确，而另外一种就不正确。随着技术的提高，你会意识到针对不同的图像什么样的方法才是更为适合的。

小贴士

局部曝光不足

如果图像中出现局部曝光不足，可选中曝光不足的部分将其复制到新的图层，并只对选中部分使用“混合模式”来进行修正，但要避免让修正部分看起来过于明显。

步骤1

拍出这样一幅曝光不足的图片原因可能有多种，要么是摄影师错选了手动设置，要么是测光不准，再者就是本来设定的补光闪光没有打开。且不论原因是什么，这幅图像都太暗沉，让人难以接受。

曝光不足的图像

这幅图像过于暗沉，因此需要进行曝光修正。

加亮图像

图像明亮一些，但效果仍不让人满意。

步骤2

首先在图像中建立一个新的图层，对背景图层（即原始图像）进行复制。在Photoshop当中，键盘快捷方式是Command J (Mac)或者Control+J(Windows)。使用下拉菜单在图层（Layer）面板中将“混合模式”从“Normal”改变成“Screen”。结果图像变得明亮一些，比起最初图像的效果好，但仍谈不上完美。

注意高光过亮

当你对曝光不足进行修正的时候，可能会对原始图像中理论上曝光正确的部分产生不利影响。将这些区域遮盖或选中移到另一个图层，不对其进行修改，这样可避免受到这种不利影响。

步骤3

重复步骤2，直到曝光看似准确或者稍微有些曝光过度。如果你不得不创建两三个甚至更多图层——尽管通常要避免太多修正，但也不用担心，严格地说这种情况是一个例外只为说明修正的步骤。

效果较为明亮

这张图片已经比较接近曝光良好的效果，但仍然谈不上完美。

小贴士

阴影/高光修正

如果图像对比度很高，不可能每次在修正曝光不足时都能保证比较明亮的区域不被破坏。在这种情况下可考虑使用阴影/高光（Shadow/Highlight）工具（见第100-101页）。

步骤4

通过图层面板上位于混合菜单右侧的滑块调节复制图层的透明度，可设定精确的曝光，直到满意为止。与有些可以返回修改与调节的某一级的控制不同，在这一步处理过程当中，不可能返回到开始时曝光不足的原始照片状态。

总的来说，这是修正图片曝光不足的一个好方法，但是通常你需要对图像的局部曝光进行修正，有选择性地进行调整。这就需要你仔细研究颜色减淡与加深工具的控制技巧（见第92页）。

最终修正后的图像

经过以上修正步骤挽救了这张先前不足的照片。

暗房工具

整理完初步工作之后，现在可以着手一些特定的图像处理环节。你可以从传统的暗房工作中直接借鉴这样一种方法：颜色减淡与加深（dodge and burn）。传统上减淡是指遮蔽底片的某部分，使它们从放大机接收较少光线，减轻图像的色调。加深是指让更多光线到达某块区域，从而在图像被处理之后看起来比较暗沉。

过去在暗房里，想要将减淡与加深这两个步骤处理得恰到好处就需要一定程度的经验技巧，毕竟是在黑暗中工作：尽管你能看到自己在对哪个部分进行修正，但不到图像处理完毕，修正的效果还是不能确定。现在的情况好多了，你能完全地看到自己自始至终都在做什么，可即时做出修改，如果有必要，还可取消这些改变。

严格来说，数字减淡与加深工具是对场景照明而非曝光进行修正，但是在特定的局部区域，这些工具可以提供基本的曝光修正。这些工具的重要功能如下：

- 增强效果。尤其高光与阴影的效果更为生动。
- 加强曝光。让它看起来更像原始场景。
- 让原本消失或未被注意的细节显现出来。

数字减淡与加深工具

在某种程度上数字技术使修正工作变得相对容易了，但如果想要彻底发挥这些工具的作用，必须要了解这些工具的工作原理以及操作方式。

减淡工具与加深工具都共用一套控制系统，现做说明如下：

刷子（Brush）

我们可以对刷子的粗细、软硬或类型等参数进行设定（所有这些参数的标准都在图像处理软件允许范围内）。通常来说，最好选用边缘非常柔软的刷子，这样修正效果就不会显得很生硬。

范围（Range）

我们可以有选择性地对图像中不同的色调范围进行修正。选项有高光、中间色调与阴影。

原始图片

对比度低与技术上正确的曝光并不一定呈现一副有视觉冲击力的图像。巧妙运用减淡与加深工具可令曝光对整个图像来说都更为有效。

减淡

原本这个雕塑非常有力量，但阴影浓重。对于这样一副构图不错的图像来说，雕塑与明亮的天空之间的对比度太大。使用减淡工具可使雕塑的中间色调变亮，同时也可削弱阴影，图像的饱和度与三维效果都能较好地得到改善。

加深

加深矿工脸部的阴影同时对部分天空进行加深还可增强戏剧效果。减少曝光值使效果更加细微，看起来也更加自然。

试图对图像中某些细节进行修改，比如让模特的皮肤看起来更靓白时，可选择“高光”。如果刷子在拍摄对象嘴唇上偏离，一般也不会在这些区域留下什么明显痕迹。有这样一种说法：“高光”不会对中间色调或阴影造成任何影响，其实这种说法是不对的，它对这些区域还是会产生些小影响的，只是无伤大雅罢了。通常而言，在使用减淡工具以及为加深工具设定“阴影”设置时，最常使用到高光设置。

A

曝光

在使用减淡与加深工具时，细致与否是图像效果好坏的关键所在。为避免让图像效果看起来非常刺眼，最好使用曝光控制来调节减淡与加深工具的强度。一般情况只需使用10%甚至更少，会达到最平缓的效果。为保证图像的真实性，密度（或亮度）的增进应尽可能地保持平稳。

喷笔

并不是所有的图像处理软件都有喷笔控制，但是只要有“喷笔”按钮，都可通过使用该控制达到更为柔和的效果。事实上喷笔更加接近传统暗房减淡与加深技术的效果。

B

肖像

有选择性地使用减淡与加深工具，图像效果会更加接近摄影师的最初意图，在这个例子当中，模特的脸部曝光看上去是十分正确的。原始图像（A）经过减淡与加深工具处理之后使图像（B）的效果变得更柔和，显然也更讨人喜欢。

减淡与加深工具的使用

尽管减淡与加深工具被视为修正工具——尤其适用于改善曝光效果——但使用起来却需要一定程度的艺术技巧。它们的效果非常类似于使用画笔来加强油画作品中的阴影部分。在使用这些工具的时候，你的目的应该是提升图片的质量，显露适当的细节。利用软刷与减少曝光来获得最佳图像效果，并仔细观察你的调节对整个图像以及细节产生了怎样的效果。

减淡与加深工具的局限性在于它们需要对图像的特定区域仔细运用。想要达到最佳效果需要不断练习，如果对图像的多个区域进行修改，比如，要完美修饰好一个暗淡沉闷的画面背景——会需要执行多项操作。实际上，修改整个图像的色调可能是一项繁重的任务，另外的两种工具——色阶（Levels）与曲线（直方图）可能相对好用一些，接下来我们会对此工具进行讨论。

颜色加深

第一张图像（A）经过颜色加深处理，因此图像颜色变得过于强烈。图像（B）使用海绵（Sponge）工具降低了颜色饱和度，强烈的效果得到减轻，图像看起来相对自然多了。

利用减淡与加深工具来改变色彩

减淡与加深处理可能会对调节的区域产生不利影响。尤其是加深操作可能会影响图像颜色，而这种效果却很少令人满意。数字图像的性质（如果以JPEG或其他压缩格式来保存图像，尤其如此）决定其可能会出现平均色块。尽管这些色块一般不会被看到，但当这部分图像经过加深处理之后会变得非常明显。同样地，加深处理还可能会提高图像中的噪点的深度。

可使用海绵工具（在大多数Photoshop版本中，它与“减淡与加深”工具在同一个菜单位置）来降低色彩饱和度。

在Photoshop以及其他一些图像处理应用软件中，减淡与加深工具都有第三个选项，那就是海绵工具。这个工具不会影响曝光本身，但可用来局部修改色彩饱和度，使用方式如同减淡与加深工具。

那么，这些工具为什么要归为一类呢？因为当修改图像中的曝光时，可能会对色彩饱和度产生不利影响，至少对图像某些部分是这样。如果图像以JPEG格式储存，尤其如此，由于影像压缩的原因，加深处理会强化部分噪点。

相反的，对图像某个区域进行减淡处理可能会导致色彩的不饱和，这对经过减淡处理的局部区域来说可能不是一个问题，但在查看整个画面时，影响就会比较明显。

海绵工具与其同类工具有相同的控制功能，可以选择刷子的尺寸与形状，也可以设定适量的饱和度与去饱和度。同样地，针对减淡与加深所提出的建议——进行适量的修正——也适用于海绵工具。

下面的图例表明了如何使用海绵工具对因加深处理而造成的过度饱和进行补偿。

小贴士

减淡或加深工具的条件限制

无论是减淡还是加深工具都不适合用于色调均匀的区域，比如天空（任何动作在这里都变得非常明显）或者纹理很少或没有纹理的光滑区域。在这种情况下，利用选项工具（Selection）选定必要区域，然后调节亮度、对比度或其他参数。这种调节会更为有效。

加深工具虽然成功减轻了这张玫瑰图像的过度曝光（A），但却导致花朵与周围叶子的颜色变得非常浓艳而不自然，在与附近区域的对比之后显得尤其如此。海绵工具（用来去色彩饱和度）的使用可将图像色彩恢复到与周围花朵及叶子相近的程度（B）。结果显得更加自然，也保持了图像颜色的鲜艳生动。

利用色阶修正曝光

不同于减淡与加深工具有选择性的修正图像局部，色阶工具提供一种简单的方法来修正整体图像的曝光效果。在对可能曝光不足的部分进行修正以及提升暗部与没有细节层次的阴影区域时尤其有效。如果在大光比条件下进行拍摄，比如明亮的正午日光下，可能会产生明显的阴影，这会让本来（技术上）曝光完美的图像效果大打折扣。

步骤1

以下这张图像展示了色阶调整的必要性。当你观察这张图像时会发现，曝光与色调分布等一些明显指标都需要进行完善。首先，右侧有个区域（最淡的色调）没有信息数据（忽略最右侧的波形顶端，这是反射高光的原因所致）。其次，该分布图显示了图像严重偏向灰暗色调，最暗的部分甚至死黑一片。

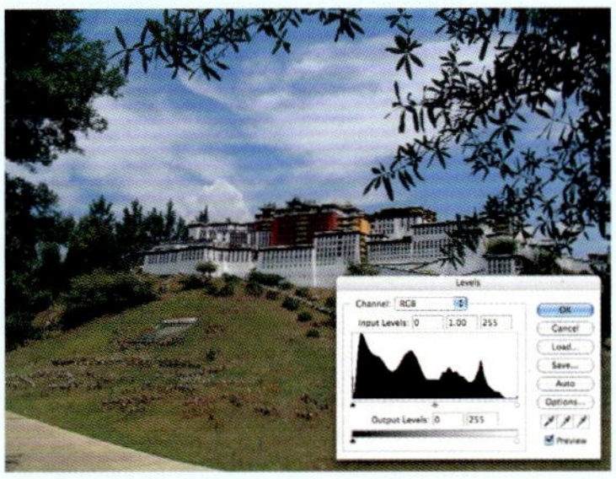

高对比度

在热带地区的正午进行拍摄，这张照片出现的暗色调可能多过你的想象。

小贴士

选择性修正

如同调整整个图像的色阶一样，也可以对图像的选定区域进行色阶修正。首先使用“选择”工具选定需要修改的部分。修正可能基于空间［如果是这种情况，可能要使用套索工具（Lasso）］，也可能基于颜色［如果想要对整个图像进行调整，那么使用魔术棒工具（Magic Wand）时，不选用连续（Contiguous）选项］。现在，你可以按照所描述的步骤顺序来进行修正。

步骤2

如何对此进行修正以产生比较均匀的色调分布呢？请注意色阶分布图下面那个小箭头。这三个滑块分别代表图像中的暗部色调、中间色调与亮部色调。我们可以通过点击和拖拽来调整这三个滑块的位置。白色滑块移动的位置将确定高光部分的范围，这个亮度或者更亮的色调都会呈现为白色。移动滑块，然后观察图像效果。

对于这里被修正的这幅图像，将白色滑块移至下图最终显示的数据位置。现在箭头确定了其白场，即图像最明亮的部分。这就成为一张完整均衡的色调分布图。仔细调整中间色调滑块还可以在不破坏最暗色调的前提下使中间色调变亮。

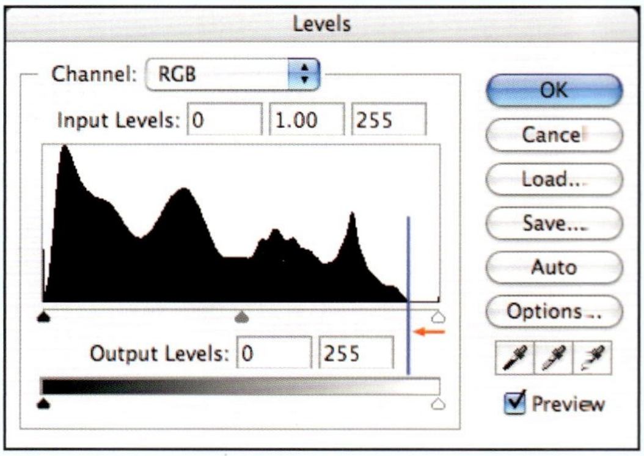

高光部分的修正

将控制高光部分的滑块移至你所希望的位置可重新定义相应的高光部分。

步骤3

经过修正以后，图像中的暗色调（本来是暗淡而且没有细节）现在既有了结构又有了颜色。比如，这些树叶变得明亮多了。

色调修正图像

修正过后的图像在颜色方面更为明亮和生动，影调分布也更加均衡了。

为什么不使用亮度/对比度

使用亮度/对比度控制来修正曝光问题，这似乎对于修正类似的图像非常理想，可让其获得比较好的色调分布，但经验比较丰富的摄影师会立刻发现这种方式下修改的结果并不自然。尤其是，这样做会使图像中暗色调有所损失。如图所示，利用色阶工具来修正整幅图像的色调分布，效果要好得多。

亮度/对比度

利用该控制对图像进行修正会对暗色调有所破坏，它会让所有暗色调提亮变浅而没有真正的黑色。

利用曲线工具进行曝光控制

曲线工具（直方图）大体上与色阶工具类似，因为它可有选择性地扩展或压缩输入色调。与色阶工具（只能对高光、阴影与中间色调进行修改）不同的是，曲线工具的控制功能要更强大，可以自行设置的色调点就多达16种。

颜色与曲线

在调整曲线时，要注意颜色变化——尤其是色彩过度饱和的颜色的变化。在这张照片当中，将中间色调向下调整，结果导致色彩变化很明显（尤其是橙色部分），看起来非常不自然。

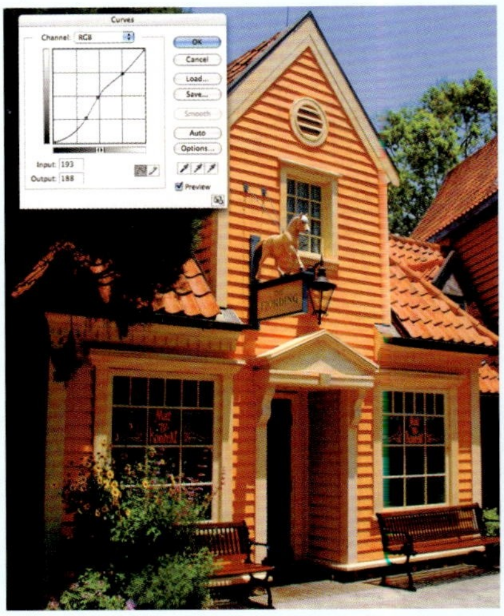

颜色过度饱和

不正确或幅度过大的调整会导致颜色过度饱和。如果曝光修正比较准确，可能需要使用饱和（Saturation）控制（设为“去饱和”状态）来减轻这些区域的饱和程度。

原始图像

在这张原始图像中，打开曲线对话框，默认图表显示为直线。

中间色调变亮

在曲线中间位置选定一个点，并向上拖拉，会让中间色调变亮。

调整曲线

打开曲线工具对话框会显示一个成对角分开的图表，在其默认设置当中，图表的横坐标代表输入影调以及在纵坐标上直接对应的输出影调。线段左下角代表最深的阴影区域，右上角为最亮区域。

点击线段的任意一点，都可添加一个新的定位点，你可将曲线位置固定在一个选定值上。可以向上或向下拖拽这个点来改变输入值与输出值之间的关系。例如，提升中点可让图像中的中间色调变亮。由于曲线特定范围的改变，邻近的色调也会随之相应修改。

如果不希望该方法影响到所有色调，你可以在曲线上添加其他定位点来限制这种变化。

如同色阶工具，控制曲线工具的确需要我们具备一些经验才能得到最佳效果。而且，就像减淡与加深工具，必须通过细微调整才能达到最好的视觉效果。其中针对原始曝光的修正一定要慎重，因为很容易就会出现数字人工痕迹或噪点。

小贴士

使用图层工具

调整图层是可在上面进行修正（如色阶、曲线、亮度/对比度、甚至色调/饱和）的图层。最终结果无异于直接对原始照片进行直接修改。然而，利用调整层进行修改意味着未改动原始图像，因此，可以放心大胆的尝试。你甚至可以通过关掉调整层（点击图层面板中图层旁边的眼睛图标）来清除所有改变。

中间色调变暗

将曲线灰色滑块（控制中间色调）往下拉，中间色调会变暗。

曝光控制

通过添加其他的不同定位点，并进行相应调整，你会完全控制图像所有区域的亮度。当你需要修改整个图像色调范围的某个成分（不同于选择性修改，即类似于使用减淡与加深工具）时，这就变得十分重要。这里提升中间色调会对整体曝光起到增强作用，而对阴影部分（最左边的定位点）的适度提升也使得这名男子的头发呈现了更多细节。

阴影与高光处理

利用减淡与加深工具来修正阴影与高光细节及画面整体影调平衡可能会相当费力，而通过调整色阶或曲线则比较简便。所有这些技巧最终都非常有效，但的确都需要一些专门知识。如果我们需要同时能对整幅图像进行修正，那应该如何做到呢？阴影/高光（Shadow/Highlight）工具恰能满足我们的需求。该工具的基本原理是对图像中的阴影区域（缺少细节与颜色）进行提升，并抑制高光（如有必要），以让图像的大部分曝光都比较准确。

步骤1

对这张图像进行细部观察就会发现问题不是出现了曝光错误，而是缺少曝光宽容度。整体曝光准确却导致了湖边树木及画面中其他部分——包括天空以及小船缆具上悬挂的海绵受光面曝光过度。仔细观察这些海绵会发现高光面上没有留下任何细节。

原始图像

尽管技术正确，图像中的部分区域还是明显有些曝光过度，而部分区域浓重的阴影又表明其他部分曝光不足。

小贴士

阴影/高光工具的缺憾

如果图像阴影或高光区域隐藏了某些细节，阴影/高光工具能够发现这些细节。但是如果图像曝光过度现象过于严重，修正就变得无能为了。另外如果图像或部分图像过于曝光不足，修正也同样非常困难，甚至更糟糕的是，修正措施可能会加重图像中的数字人工痕迹及噪点。

步骤2

使用Photoshop里的阴影/高光控制，路径为：图像（Image）>调整（Adjustments）>阴影/高光（Shadow/Highlight）。选择此工具后，软件立即会对图像进行默认修改。它能对阴影细节进行适度修正，让阴影部分变得更亮，从而能够表现出之前所隐藏的颜色与纹理。该步骤对高光没有明显修正。

阴影/高光修正

默认修正对阴影区域进行了明显修改。

步骤3

你也可以使用滑块对阴影进行微调，直至满意为止，再调整高光部分。将滑块向右移动可降低高光亮度。在这张照片当中，该步骤让天空效果发生巨大变化（天空不再惨淡无色），更令人印象深刻的是之前曝光过度的海绵现在呈现出更多细节。使用扩展控制（见面板）可进行更加精确的调整。

修正图像

通过对设置进行微调，可完善修改效果，让效果变得更为真实。可注意修正之后的天空效果与海绵上的细节。

阴影/高光扩展控制

点击阴影/高光对话框中“更多选项（Show More Options）”按钮，你会看到其他一些控制选项，不妨尝试一下。

色调宽度（Tonal Width）：该工具可让你加宽或缩小准备进行调整的色调范围——比如只调整最黑暗的色调以及将中间色调保持不变。

半径（Radius）：确定邻近被调整的部分有多少像素也受到影响。通常半径越大，过渡效果越自然。

颜色修正（Colour Correction）：确定被修正部分的颜色生动程度。

对调整区域的图像对比度进行微调可以通过调整中间色调的办法来实现。

极端情况

该工具提供的调整范围非常大，因此不做过度调整就显得非常重要。如这里所显示的图像，阴影与高光调节幅度过大，结果图像补偿过度。阴影与高光区域影调严重失衡，图像颜色与色调趋于超现实主义。在这种情况下，“少即是多”原则更需谨记。

生动的色彩修正

将“色彩修正”滑块向右滑动，颜色会变得比较生动，如图所示。

正常的色彩修正

正常的默认设置呈现常规的色彩饱和度。

修正过度

如果对阴影/高光控制使用过度，图像效果可能会变得过于极端。图像（A）的不足之处在于一些丢失细节的阴影区域以及色彩浅淡的天空，使用修正工具可改善这两个缺憾。然而，如果你将滑块拖拉到最大限度如图像（B），阴影几乎都被消除，效果变得不自然，图像处理痕迹变得过于明显。

高动态范围的曝光混合

阴影/高光工具通常是增强图像打印效果的一种简单而有效的方式。当拍摄中的动态范围大于传感器所能记录的范围时，就超过了传感器能够适应的限度。如果是这种情况——即当单次曝光不够完美的时候——如何能够准确记录场景呢？

想要回答这个问题，可以在“单次曝光”这个词里找到线索。如果单次曝光不太满意，那么我们必须考虑到最终成像不一定非由一次原始曝光组成。出于这个原因，你需要考虑高动态范围（HDR）技巧，我们已经从摄影角度讨论过这个问题，详见第68页。但是，首先让我们从更多细节来了解高动态范围的含义。

高动态范围的真正含义

数码相机传感器记录亮度值范围的能力有限。我们可通过改变到达传感器的光量的多少来改变相机记录的亮度级别。比如说，随着快门变大及/或曝光时间增加，可记录图像阴影区域的细节就越丰富。缩小光圈及/或缩短曝光时间，结果只会记录下比较明亮的高光部分。因此，实际上，传感器已经记录了整个取景范围的细节，但需要多加两次拍摄才可大功告成。

一般说来，人类的眼睛几乎可以同时捕捉取景最亮区域及最暗阴影区域的细节。通过将两个或多个按照惯例拍摄的图像进行混合可以制作HDR图像，它是延伸图像动态范围的一种途径，让图像效果接近眼睛所捕捉到的景象。制作HDR图像有两种方法：

曝光混合

该方法至少需要两个（通常为三个）图像，这两幅图像满足包含整个取景所有动态范围的图像信息要求。

色调映射

在该方法中，一个图像的色调范围（由两个或多个原始图像组成）被压缩，这样一来位于高光、阴影以及所有位置的细节都被映射到数据输出范围内（视电脑显示屏或打印纸张情况而定）。

因此，从本质上讲，HDR影像技术就是在没有削弱暗部区域的像素或迫使明亮区域的像素变暗的情况下，如实地捕捉一个场景的光度。

包围曝光

尽管这个取景内并未公然显示曝光的极端情况，但一次拍摄还是不能对所有区域进行准确记录。在每个包围曝光记录下的图像中，可能会看到曝光准确的不同区域。

合并图像

该图像是从每个包围曝光的图像中挑选出来，尽管最终不是对取景的真实呈现，但与眼睛所感受的景象是比较相似的了。

合并HDR图像

合并两个或多个不同曝光值的图像需要使用专门的HDR软件，它既可作为常规图像合成程序的插件，也可作为独立的应用程序。无论选择哪种方式，合并过程却都是相同的，而且大多都可自动合并。首先需要你确定由哪些图像来制作HDR最终图像，然后软件会提示你确定一些拍摄条件，目的是让合成效果变得更为完美。

· 多次拍摄是否使用三脚架来完成？如果不是，软件将会自动调整图像，确保关键因素能够准确重叠。

· 拍摄过程中是否受到其他因素的干扰？当你在多次拍摄的间隙，可能会出现一些意想不到的外来因素干扰——比如人、车辆甚至水面上的涟漪等。选中对话框可以确保不会出现重影。

接下来可以使用混合方法，对话框让你选择图像的某个部分进行修改。这些操作都属于微调控制，如果自动生成HDR图像，我们就对这些微调控制进行调整即可。

A

B

C

源图像

这三张照片分别以相对于测定曝光为-2EV（A）、0EV（B）与+2EV（C）的曝光补偿所拍摄。显而易见，每张图像中都有曝光准确的部分，也有曝光过度或不足的地方，这些都超过了一个范围，所以无法成为有用的图像数据。

HDR技巧的好处

·在不利的气候条件下拍摄精彩图片：HDR技巧让你能够从最阴暗的天空提取色调信息，强化天空中任一地方的云彩形态结构。

·曝光准确的全景图：全景摄影是指对360度的环视范围进行拍摄。标准的拍摄不可避免地会出现曝光与照明不一致的结果。HDR技巧可对此加以修正，呈现光线匀称的全景图。

·减少噪点：特别在低照度环境下，电子噪点会对图像效果造成破坏，在颜色与色调单一无变化的区域尤其明显，HDR技巧可有效减少暗部噪点。

·节约后期处理时间：使用常规图像编辑应用软件，只要技巧娴熟，你几乎可以无所不能，但是你要准备好投入大量时间。HDR却十分便捷。

·效果更好：这正是该技巧存在的理由。经该技巧处理过之后，图像效果要比“直接”拍摄更好，而且相比其他处理方式的效果更好。这正是在数字世界里发明包围曝光的目的。

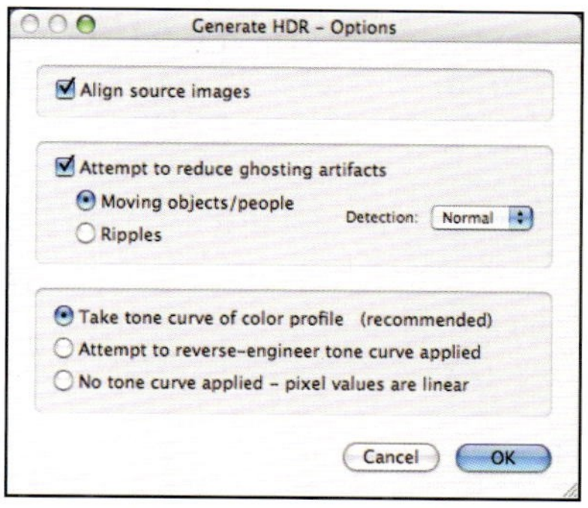

微调控制

将不相关联的图片进行合并需要对不同位置进行微调，同时避免出现移动物体造成重影。

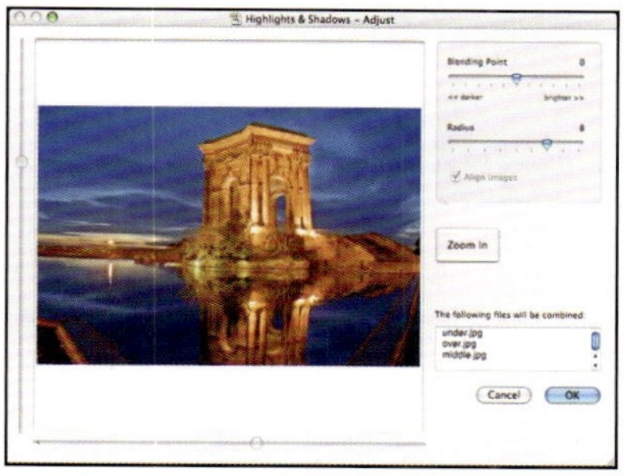

HDR对话框

HDR图像处理对话框（从HDR软件的Photomatix打开）提供微调控制。如果需要修正，只需适度修正即可。

HDR图像

HDR图像的主要特征是取景中所有元素的细节都很清楚。将这张图像与理论上效果应该类似的以0EV曝光补偿所拍摄的图像相比较，HDR技术优势彰显无疑。

图片评估与修改

现在你已经了解在像Photoshop这样的应用软件中专门用来调整曝光的一些工具。但是，孤立地来研究这些工具以及每个工具所能做的修正还是相对简单。当你对图像进行修正或加强图像效果时，通常都需要使用多种工具。这个过程应该是图像改善体系的一部分，这个体系应该除了曝光本身以外，还应包括色彩平衡与对比度。

因此，当面对一张图像时，我们应该按照什么顺序来进行修正？下面我推荐一个程序，虽然它不能算是唯一的方式，但确实起到很好的效果。最重要的是它可以避免可能有损图像的调整或修正。

· 图像分类——摈弃那些二流与拙劣的图像。

· 转换RAW格式（假设你是以RAW格式记录）。

· 注意构图调整。

· 整理图像。

· 调节对比度。

· 进行局部曝光调整。

· 调节颜色。

· 在保存之前锐化图像（如果有必要的话）。

现在我们对这个程序进行深入讲解，了解一下我们如何可以恰到好处地利用该流程让图像尽可能地呈现最完美的曝光。

图像分类

首先需要切合实际地进行图像分类，尽管数字修正赋予你很大的自由度，但并不是所有图像都能被挽救，对于那些超出实际修正范围的图像，应当毫不可惜地放弃。

转换RAW格式

当导入RAW图像时，作为转换“原始”图像数据的一部分，你有机会调整图像的整体曝光。但这里所做的是对整体的调整，因此下一步还需要继续细化，让每一处都呈现准确曝光。及时观察变化，不要让图像的大片区域看起来高光毫无层次或者阴影过于浓重。选择一个最佳格式保存，为以后能够从这些区域中提取最多信息打好基础。

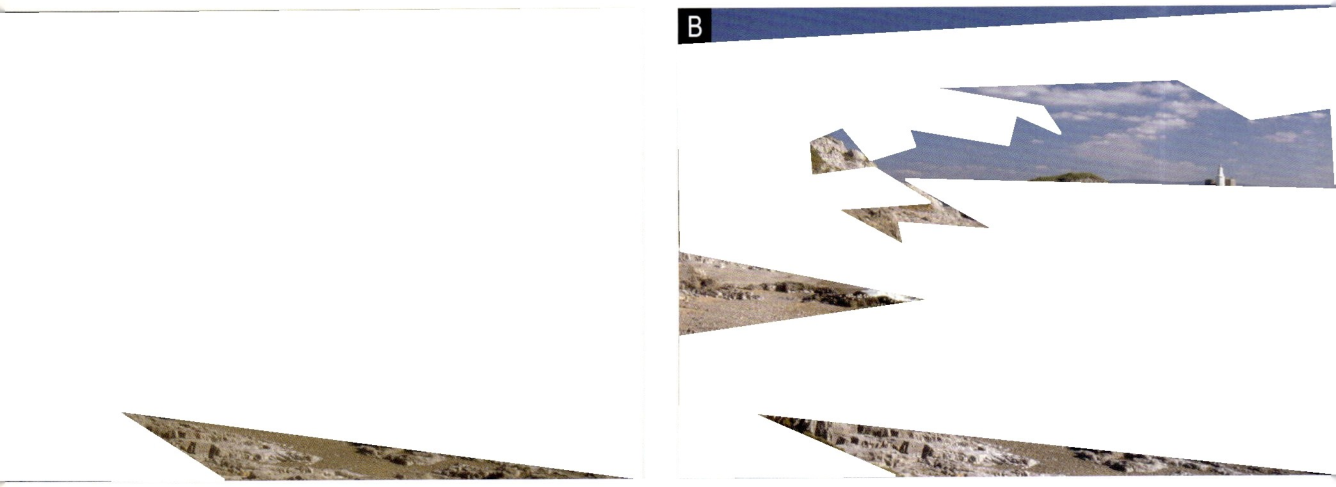

图像修改流程

由相机直接拍摄的图像（A）颜色效果不佳，而且缺少对比度。令人不愿接受的是，拍摄时还有些倾斜。调整色彩平衡以及稍微增加整个图像对比度之后，图像效果令人满意得多（B）。同样还要对图像的倾斜作出修正（这不可避免地需要对图像做适度剪裁）。为了加强局部对比度，对选定区域进行减淡与加深处理，让图像主体感更为明显。注意不要过于强化加深效果，否则只能使选定区域的色彩过度饱和。最终对图像进行锐化（使用“非锐度屏蔽滤镜”），这就得到了下页看到的图像（C）。

构图调整与整理

在这个步骤，你可能需要裁切图像以改善构图效果或从图像边缘裁掉分散图像冲击力的部分。在整理图像的时候，你可以使用“克隆/橡皮图章”（Clone/Rubber Stamp）工具来遮盖掉留在图像里不必要的景物，还能够使用克隆工具来掩盖图像中过度曝光的区域。

调整对比度

如果效果满意，可使用“自动对比度”（Auto Contrast）或者色阶工具来进一步完善修正工作。如果需要的话，就用“取色器”（Eyedropper）来中和色偏现象，减少以后进行颜色修正的麻烦。或许你还可能会用到阴影与高光处理工具（见第100-101页）让阴影区域变亮，因为仅用自动对比度工具可能不足以提升阴影区域的亮度。

局部曝光调整

对于局部曝光调整，可回忆一下前面讨论过的减淡与加深处理的相关内容。它既能有助于对使用高光/阴影工具所做的整体曝光的修正，也能进行新的调整工作。这近似于艺术处理，值得花时间仔细琢磨，不过应避免过分强调某些区域。

调节颜色

曝光及对比度调整可能会影响图像颜色，你可使用海绵工具（设定为“去饱和”状态）进行局部调整，也可以利用色调/饱和工具的饱和控制进行比较全面的修正。如果你之前放大了图像局部，记得缩小修正部分后进行调整，以对变化的整体效果进行评估。

锐化图像

如果图像需要些许锐化达到临界锐度的状态，那么在保存及打印之前就应对图像进行锐化。不要在一开始或中间阶段进行锐化，因为这会过早为图像留下人工痕迹。这些人工处理容易影响色彩变化，在进行对比度及曝光调整的时候会因强化而破坏画面效果。

想要锐化图像，就要了解“非锐度屏蔽”（Unsharp Mask）工具。与“锐化及加强锐化”选项（这两者在运用方面没有区别）不同的是，你可以在该工具中设定参数。尤其是，能设定一个阈值（它决定色调变化的数量），低于这个阈值就不进行锐化。这可有效防止对天空或肤色等区域进行锐化，因为这些区域不需要锐化或锐化之后的效果并不理想。

以上对图像进行的修正是工作流程的一部分，通常也是采用按部就班的方法。在下一页我们将了解完善图像的另一方法——使用工作流应用软件。

C

工作流程应用软件

工作流程应用软件（如苹果的Aperture软件与Adobe的Lightroom软件）是针对专业人士与摄影发烧友而设计的。不同于从本质上针对处理单张图像而设计的Photoshop与其他常规图像处理软件，工作流程应用软件的设计目的是尽可能快捷地处理多个图像。它们的工具箱与普通的常规图像处理软件也略有不同——尤其在一些重要环节方面。

步骤1

以Aperture为例，修正工作仅仅变成移动滑块这么简单，方法与其他图像处理软件如出一辙。当你进行调整的时候，任何曝光过度的区域（在最终成像里会再现为毫无特色的白色）都由纯色（在这张图像中为红色）指示出来。

原始图像

这张图像中的红色区域，界定了那些曝光过度的区域。

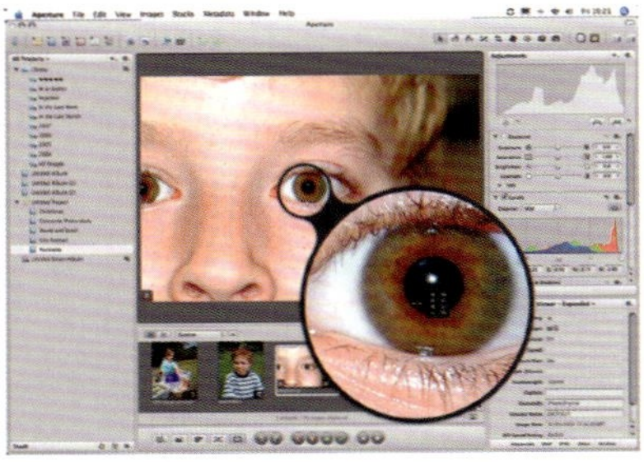

调节工具

Aperture软件的调节工具都分门别类的集中在一起，让调节过程变得十分方便。

步骤2

向右移动曝光滑块，曝光过度的区域得到扩大，图像更多部分就变得曝光过度。

曝光过度

将曝光控制滑块进一步向右移动，会看到图像的更多部分是如何在这种情况下变得曝光过度的。

步骤3

现在你可以将曝光控制滑块轻轻向左移动，直到最后的红色区域消失不见为止。还应该考虑调节饱和度、亮度以及对比度，以确保曝光准确。

这一步你还可以进行其他调节，包括阴影/高光、通过色温或色调来调节白平衡以及色调/饱和度等。十分方便的是你还可同时重复调节所有这些环节。

修正图像

移动滑块，不留任何曝光过度的区域，以此来修正曝光错误——但这可能还需要进一步修正。

工作流程应用软件的版面设计非常不同，它适合同时浏览与处理多个图像。尽管它们都有一套主要的控制工具（如去除红眼、剪裁、补丁等工具），关键性差别却在于调节功能方面，其中曝光调节工具的作用尤为显著。如果是Aperture软件，你会在调节（Adjustment）面板顶端找到这些功能，如果用的是Lightroom软件，这些功能就在Quick Develop面板上面。其中一个比较有用的功能是曝光调节工具现在全都被归类在一起，你可以同时对几个方面进行调整，而这在常规的图像编辑软件中需要从子菜单中个别挑选。

那么，工作流程应用软件是否提供更优秀的曝光控制呢？如果不是，那么它们是否让你的工作更为有效？如果是，你能否迅速对一组图像进行修正？答案是肯定的，这的确是这些工具的目的所在——迅速、可靠并可重复进行修正。

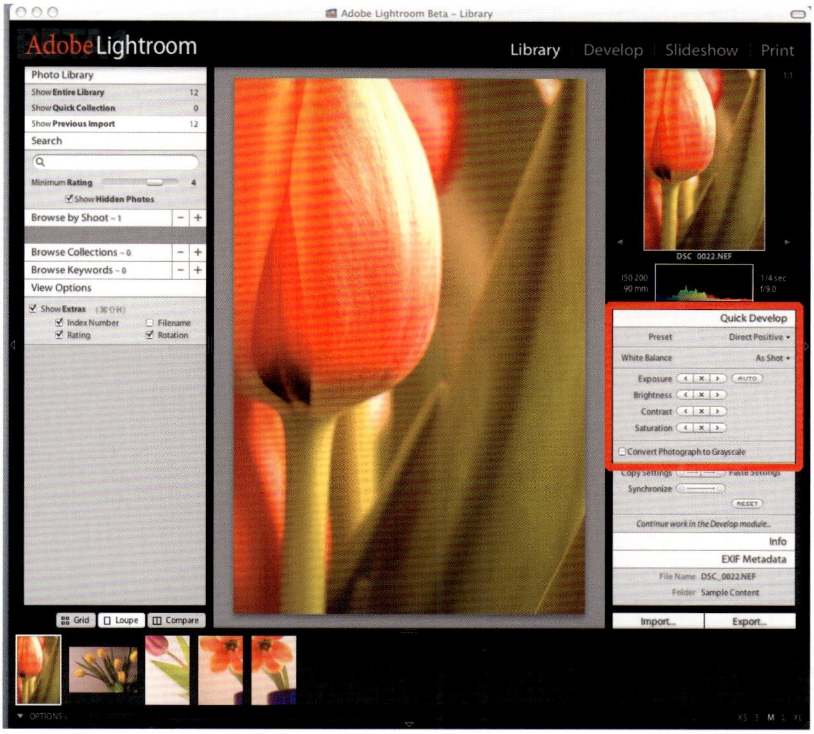

LIGHTROOM

Adobe软件提供一个有用的Photoshop助手，可用来处理与比较众多图像。

第八章：

即时专家

通过本书各章节的介绍，希望你已经开始意识到获得最佳曝光远非只是简单地设定理论上正确的光圈与快门速度。到目前为止，你或许已经知道曝光控制需要你来处理的各个方面与环节——这既需要创意，也需要有扎实的技术基础。

深谙曝光技巧意味着针对不同摄影类别及风格能以不同的方式来完成曝光。本章内容对每种摄影类型进行讨论，从截至目前你所获得的所有曝光知识当中提取精华。

对于每一种摄影风格，本章将确定：就曝光而言，拍摄时的目标与目的应该是什么；需要注意哪些问题或潜在的缺陷；包括特殊程序模式在内的最佳曝光模式；充分利用各个机会并需要配备何种器材以及获得最佳效果的诀窍等。

平衡的问题

好的曝光是对一种平衡的追求：相对图像某一部分获得的最佳曝光设定，而对另外一个部分来说可能就不合适了。

风景摄影

一幅风景摄影作品为我们提供了各种形态、形状、色彩与气氛，难怪风景摄影是最受欢迎的一种摄影类型。严格意义上，风景摄影应从细节或整体上捕捉风光，它不以人或动物为主要拍摄对象，除非这样的元素在某一特定风景摄影中具有重要意义。

风景摄影具有两种最主要的风格：

印象摄影：许多有着同样想法的艺术家心目中，印象派摄影不刻意追求影像的清晰度，在后期处理上有意实现一种浪漫的、朦胧的效果。

抽象摄影：通常侧重一个广阔取景内部的细节，可能会集中在形态与形状上面，或者使用极端的曝光来加强颜色或对比度效果。

摄影目标

・强烈视觉冲击力。

・能与远处景物形成平衡效果的前景。

注意事项

・天空与风景之间的高对比度。

・可能会影响拍摄效果的人、车辆或飞机等不该有的因素。

・光线的改变可在瞬间之内呈现完全不同的氛围。

・细节——风景摄影并不仅仅只是一个包罗万象的远景。

最佳曝光模式

· **光圈优先模式**–使用光圈优先来确保获得准确（通常都是最大）的景深。

· **风景模式**–设定该模式（如果相机允许的话），它将会自动对最佳景深做出设置。

必要工具

· **三脚架**：无论曝光时间有多长，三脚架都是获得清晰图像的关键。

· **渐变滤光镜**：对明亮的天空起到抑制作用，在相机内提供比较均衡的曝光。

· **中灰密度滤光镜**：减少进入相机的光量，以帮助设置长时间曝光。

· **长焦镜头**：能够更多地获得细节上的呈现，使最终的照片更加精彩。

测光技巧

如果手边没有灰卡，可以利用绿叶测光，因为绿叶的反射率大约为18%左右。将通过绿叶测得的读数用到拍摄中，这就为完美曝光打下一个很好的基础。

湖边教堂

精准的曝光评估可以防止日光下的教堂显得过于明亮，这意味着有些阴影区域会变得非常浓重，但这既不会影响构图，也不会影响图像的整体色调质量。

18%绿色

对绿叶进行测光，是临时获得18%灰色读数的一个好方法。

提示

· 注意天气。与其他摄影类型相比，天气对风景摄影的影响更大。天气的变化或云朵的聚集都会为风景摄影带来完全不一样的效果。

· 改变曝光时间会产生不同的图像效果。试想一下用短时间曝光拍摄流水，会给人轻快凉爽的感觉，而用长时间曝光拍摄则产生如丝般柔软的效果。时间非常长的曝光还会使天空的呈现更为有趣，且能够强调出风的动态效果。

· 对拍摄有利的光线转瞬即逝，但总体而言，花时间考虑拍摄位置、角度、尤其是曝光值，都能够获得比较好的拍摄效果。

肖像摄影

肖像摄影囊括的范围非常广泛，从社会活动到日常抓拍，再到比较正式的各类人像摄影。

年轻女郎

自然光线来自照射在拍摄对象左肩上的日光。相机后面一个白色大反光板将光线反射回拍摄对象的脸部，抵消所有阴影。身后的日光突出了头发的光亮，同时使拍摄对象与背景隔开。

肖像摄影是否成功在很大程度上取决于是否获得准确曝光，除了显而易见的一些原因之外，曝光不准确还会影响到肤色表现力。只要曝光准确，拍摄对象没有问题，再加上比较有创意的构图，拍摄效果一般都能引人注目。

拍摄目标

· 清晰的图像–柔焦效果，针对瑕疵的润色可以稍后处理。

· 明亮高调的肖像呈现积极乐观的人物形象。低调曝光更适合表现人物比较冷静或悲伤的情绪。

注意事项

· 必须要把焦点放在眼睛上（这是不能违反的一条原则）。如果拍摄对象处于倾斜的角度，将焦点落在靠近相机的那只眼睛上，即使这可能会使另外一只眼睛稍微有点模糊。

最佳曝光模式

· **光圈优先模式**–需要控制光圈以确保拍摄对象获得足够清晰度，同时还要控制背景的模糊程度，否则就会分散观者注意力。

· **肖像模式**–这是抓拍或者相机没有光圈优先模式时的一个好方法。

必要工具

· 三脚架或作用相当的支撑物。

· **好的照明：**由环境光线提供或使用合适的摄影棚照明。

· **反光板：**当在日光下或简单的摄影棚照明系统下拍摄时，反光板是填充阴影的一个必要工具。

肖像抓拍

如今相机不再让人们感到不自在，相对来说，成功抓拍的机会也提高很多。抓拍时人物应当处在他们自己的环境当中，这样才符合构图原则。同样，人物与环境之间的关系也应该尽可能体现清楚。

市场商贩

五颜六色的水果光泽与三分法则构图在这张图像中营造了一种强烈的现场气氛。这虽然不是一张明确的人物肖像摄影，但却是人物符合情境的一个成功的例子。

提示

· 为了获得最佳的品质与控制，应以RAW模式进行拍摄。这在希望准确表现肤色时尤为重要。

· 拍摄时考虑多个不同角度。

· 使用焦距在70~100mm（相当于35mm）的镜头，或者使用变焦镜头上较短的望远端，这可以避免拍摄对象面部的扭曲。当然，除非你有意要获得扭曲效果的拍摄创意。

· 多次拍摄。面部由大量不匀称的肌肉组成，任何轻微的抽搐或收缩都会破坏拍摄效果。想想你有多少次因拍摄对象眨眼睛而不得不重新拍摄的经历。

· 问问自己每次拍摄肖像的目的是什么。是正式人像还是非正式人像？然后再进行下一步工作。

非正式肖像

非正式肖像也可如正式肖像摄影那样吸引人。

广角

利用广角镜头拍摄会造成带有幽默感的扭曲效果。

城市与城市风光摄影

城市摄影通常只被认为是风景摄影的一个分支。在某种程度上，这也不无道理：风景总归是风景，无论人类在塑造它的时候介入多少。但拍摄城市风光题材还是出现一些独特的挑战与机会。

希腊村庄

地中海村庄（尤其那些希腊村庄）的主要特征是雪白的墙壁以及大胆鲜明的色彩点缀。在下面这幅图像中，摄影师的幸运之处在于阴影区域间接地被右侧建筑的反光所照亮，从而适应从中间建筑的亮白色到阴影区域本身的影调自然过渡。

实际上，还可以再次细分，将城市摄影划分为城市风光摄影（是对旅游摄影比较严肃的一种解读）、建筑摄影（突出建筑风格与形式）与抓拍。后者有时视为肖像摄影的一个分支，更关注街头生活与人物。

拍摄目标

- 抽象风格的表现。
- 光线（与光线变化）对轮廓鲜明的建筑形式的影响。
- 街头人物。

注意事项

- 高对比度。与常规风景摄影相比，城市风光摄影的高对比度问题更为明显，它通常会面临亮区与暗区并置的情形，容易造成亮区过亮或阴影细节丢失等问题。
- 阴影。在某个时间段，明亮的日光可能会让街道置于浓重的阴影之中。
- 角度。除非有意选择夸张的角度，否则垂直角度（如建筑侧面）会严重破坏图像效果。幸运的是，图像合成软件中的“剪裁”工具可以对此进行修复。

最佳曝光模式

- **光圈优先模式**–由于风景摄影无需在意快速移动问题，因此使用光圈优先模式可控制对场景聚焦的范围。
- **手动模式**–对于在弱光条件下与天黑之后进行拍摄，建议最好采取全手动模式，及时在相机液晶显示屏上检测拍摄效果。
- **夜景模式**–如果相机没有手动曝光控制，为达到良好曝光，通常可采取夜景模式进行拍摄。

必要工具

· **广角镜头**：广角镜头固然是必需品，但超广角镜头效果会更好。在捕捉细节以及无意识抓拍方面，远摄镜头也非常有用。

· **单脚架**：城市中有些地方，尤其在往来熙攘的大街，单脚架比三脚架更适于安置使用。

· **小型三脚架/支撑物**：适用于连单脚架都成问题的拍摄环境。

· **滤光镜**：不仅对蓝天产生奇效，还可用来降低窗户及玻璃的反光。

全景还是细节

城市摄影范围之广既包括错综复杂的细节，也囊括城市间的风景。细节有助于图像的意象表达，而开放视野则会唤起观者对某个地方的情感。在构图方面应避免广角拍摄，除非是想从大范围内再现某类情景。

细节

建筑的铜质表面以及镂刻的图形在傍晚余晖的映照下，形成一幅引人注目的城市风景照。

提示

· 在清晨拍摄，效果可能完全不同于其他时段。幽静的街道，以及风景摄影师备受推崇的柔和光线，产生一种宁静祥和的效果。

· 在某些地方（包括室内）无需经过拍摄许可，另外，在某些相对敏感的地方也并不禁止拍摄。

· 考查拍摄位置。最明显的角度不一定意味着最佳拍摄效果。

· 在取景内各个元素之间进行比较，城市风光中经常会出现新旧并置的情形。

· 在天黑之后，市中心尤其值得拍摄，因为各种不同的光源为城市带来了区别于白天的景观。

· 带有风险的拍摄一定要注意意外情况的发生。

广角

在城市摄影中使用广角镜头非常适合表现背景中的某个特征或标志性建筑物，以及突出拍摄地点的独特氛围。

夜晚与弱光摄影

当夜幕降临之际，经验不足的摄影师往往收起相机。而实际上这很可惜，因为很多极富冲击力和让人浮想联翩的照片就是在夜晚拍摄的。随着光亮下降，眼睛对色彩的敏感度也会随之降低。

拍摄目标

・锐度。因为移动或使用镜头的最大光圈所造成的清晰不够很容易破坏图像的质量。

・光源之间的平衡。眼睛能适应广泛亮度范围的能力容易欺骗相机。

注意事项

・自动闪光。禁用相机闪光灯，防止它在弱光条件下启动。

・噪点。高感光度设置造成曝光时间较短或者光圈较小，但也会产生过多噪点，尤其在弱光条件下。

最佳曝光模式

・**手动模式**–针对最终曝光控制。

・**夜晚肖像模式**–针对前景拍摄对象准确曝光增加闪光。

必要工具

・**三脚架**：避免在长时间曝光中出现任何晃动。

・**广角镜头**：如果拍摄对象允许，通过使用广角镜头让拍摄效果更加清晰。

・**大光圈镜头**：可让更多光线进入相机（以景深为代价），但代价更大。减轻震动/图像稳定进一步会减轻晃动，可在比较快的速度下手持拍摄。

曝光不足增强色彩效果

黄昏时分天空中转瞬即逝的色彩通常可以通过适度曝光不足而得以加强。如果进行包围曝光，你可迅速意识到曝光不足与提高色饱和度有着怎样的关联。

提示

・如果有人或车辆在取景附近移动，可通过增加曝光时间使其在最终成像中消失，或者选择中挡曝光，让他们呈现飞逝的朦胧效果。

・使用自动拍照功能。在有些相机与三脚架上，按动快门可能就会引起震动。遥控快门可以克服这个问题，另外，也可利用自动拍照功能来触发快门。

・在高感光度引起的噪点问题与低感光度引起的相机晃动问题之间取得平衡。与低感光度设置产生的柔和图像以及相机晃动的风险相比，许多摄影师更喜欢高感光度设置的锐度。

对大气曝光

虽然曝光准确，但并不一定会具有冲击力。标准测光拍摄的图像（A）对加强取景的色彩或氛围没有起到任何作用。减少1挡曝光值之后，图像（B）中不仅加强了色彩效果，也增添更多氛围。类似情况对曝光而言无对错之分。

伯瓷酒店

日落西山，泛光灯照明勾勒出酒店的清晰的轮廓。这个时段，来自天空的光线与建筑物的灯光亮度相当，因此确保了曝光均衡。这张照片根据测光表测出的读数进行拍摄，减1挡曝光值可让色彩更为饱和。

特写与微距摄影

探究微观世界可能是拓宽摄影范围与丰富摄影技巧的一个好途径。世界为我们呈现出别样景致。在进行特写与微距拍摄时，曝光控制变得非常简单，但需要注意照明是否合适。

拍摄目标

- 非常清晰的图像。
- 均匀的照明。

注意事项

- 相机镜头投射的阴影。
- 非常狭窄的景深。

最佳曝光模式

- **光圈优先模式**–为获得最广阔的景深，设置可行的最小光圈。
- **微距模式**–只要提供微距模式，相机就会根据光线设置最佳（最小）光圈，在微距与特写范围之间设定最佳效果的组合。

必要工具

- **相机支撑物：**旨在拍摄清晰的图像。
- **拍摄对象支撑物：**将小小的拍摄对象置于镜头前面，保持它与镜头之间的距离至关重要。
- **照明系统：**既可以是一个简单的台灯，也可以是一个环形闪光灯。在拍摄对象周围罩上一个灯罩，使光线扩散开来，以此来获得均匀的照明。
- **特写摄影工具箱：**微距镜头、伸缩管或近摄镜头等。

为扁平与轮廓不明显的物体

拍摄，像硬币、纽扣与类似古玩之类的实物很难对其进行均匀照明。单一光线容易造成高光过亮与阴影浓重的问题，这几乎无法做到曝光准确。通过在第一个照明对面使用第二个照明，但亮度低于30%~50%，这样可以照亮阴影区域，因此可获得比较均匀的照明，突出浮雕效果。

布置一个黑色背景，也可在相机上覆盖一块黑布以防止反光，来进一步强调拍摄物体的外观。另外，极端照明可能需要借助灰卡来评测曝光。

硬币特写

交叉灯光、黑色背景以及相机背衬会产生高对比度的图像效果，所有细节——包括刮痕——都清晰可见。

提示

·确保整个画面的光线都很均匀。对于小型拍摄对象，光源接近画面一端，或拍摄对象的一侧，都会导致照明不均匀。可考虑使用交叉照明（从两侧进行照明）或灯罩来提供均匀的照明。

·注意变形。如果拍摄对象是明显呈长方形的物体，你会发现镜头——为特写与微距设置的极值——使得图像变形，尤其是在图像边缘位置。

苍蝇

微距镜头与近摄镜头可以非常近距离地进行拍摄，如这张图像所示。设法用什么东西将苍蝇吸引住，在可利用光线下进行拍摄。这意味着景深非常狭窄，可利用相机测光系统来进行拍摄。

极限摄影

极限摄影是什么意思？这个概念听起来有点模棱两可，简单说起来它是指那些需要将拍摄技巧推向极限的情况。例如许多极限运动：潜水、跳伞等，或者是拍摄条件十分困难：弱光情况或极其寒冷（或炎热）的气候下。尽管条件恶劣，但却有机会拍摄出真正壮观的图片。

拍摄目标

· 清晰的图像。无论处于多么极端的情况，这都不能成为缺乏摄影技巧的借口。

· 适当的曝光。这里并没有说"准确的曝光"，因为在许多极限情况下，测取曝光读数与拍摄精彩图片所需要的曝光几乎毫无关联。

注意事项

· 个人。如果身处极限情况（即使是夜间寂寞的城市），都要注意确保自己不会面临任何危险。伟大的摄影师为了拍摄精彩图片，往往将自己推到极限，但是了解极限的位置在哪里，这一点很重要。

最佳曝光模式

· **手动模式**–在多数极限摄影形式当中，你都需要测取读数，并对这个读数进行大幅度的修改。这可能意味着调整会超过相机所能够做到的补偿。

· **程序自动模式**–好像是要反驳前面的说法，如果将相机设为自动模式或程序模式来进行拍摄，在有些情况下效果最好。在液晶显示屏上检查拍摄效果，如有必要，再对之进行修改（通过进行曝光补偿）。

冲浪运动员

在这张利用了广角拍摄的运动影像中，运气扮演重要角色，而在极限情况下更是如此。这张照片利用广角拍摄，相机补光闪光灯发挥作用。

必要工具

所需设备取决于活动类型、拍摄地点或情况，但通常都需要：

· **三脚架或具有同等效果的适当支撑物**：如果要使用长时间曝光。

· **适合拍摄情况的镜头**：超广角镜头、微距镜头或大光圈镜头。

· **专用设备**：比如在水旁或水下拍摄应使用防水外罩。

慢速快门

慢速快门可让移动的拍摄对象变形。对于这张游乐场旋转木马的照片（右上角），摄影师选择了8秒的快门速度，有意模糊旋转的木马与人，但设施的形状依然清晰。这张图像中的极度模糊处理在表现速度方面比适度模糊更为有效，但别忘了使用三脚架。

极端的拍摄视角

超广角镜头、低角度拍摄以及运动情景的融合能够保证拍摄一张非常富有冲击力的图像。如右图是在自行车选手与摄影师都没有任何风险的情况下拍摄的（选手只不过是在表演静态的平衡特技），为了获得周围照明难以提供的最佳清晰度（太阳在拍摄对象的背后），选用了补光闪光灯，而且广角镜头的使用让拍摄在清晰度方面变得容易得多。

游乐场旋转木马

8秒钟的长时间曝光让摄影师可以选用小光圈（f/11），这保证了整个图像的锐度。

提示

· 考虑以RAW模式拍照，这样可获得最佳图像质量。

· 多次拍摄。当你的经验与技巧真正成熟时，而且要求使用大多数设备，你就需要考虑到一些特殊情况。如果你已经体验到包围曝光的好处，现在可以对更宽的范围进行包围曝光。

山地车运动员

这是一张极富冲击力的极限运动图像。精心的构图与照明让图像不仅停留在有趣的层次上，而是变得非常吸引眼球。图像边缘的暗化处理（渐晕）有助于让观众的注意力集中在图像中央，使用比镜头稍微小点的镜头遮光罩就可实现这个效果。

背光与剪影摄影

通常，面朝太阳拍摄的目的就是拍摄剪影。剪影可能是一座山脉、一片树林景观、甚至某个人。此时的拍摄目的不是拍摄理论上曝光正确的图像，而是将这些毫无特征的轮廓完全以阴影来呈现。在这种情况下，摄影师的目的不再以追求精确地曝光为主旨了。

背光摄影的特征不一定就是剪影，但因这类摄影的一个特征就是亮度范围不可避免地都非常宽，所以暗色调往往占据支配地位。

拍摄目标

·实现非剪影区域的最佳色彩效果与剪影的暗色调的统一。在背光摄影中，最好牺牲较浅色调，让它们变得过亮，而尽可能保持较暗色调的最佳渐变。

·效果强烈、轮廓分明的图像。背光摄影不是写实主义，而是记录拍摄对象或风景的形态与形状。比如，下页显示的热气球图片，此类拍摄往往突出的的是拍摄对象的轮廓，而不是表现细节。稍微闭上眼睛可能会有助于你想象与构思图像，让你的注意力侧重于形式，而非细节。

注意事项

·逆光与背光测光模式。该模式的设计旨在增加曝光，这样可以对拍摄对象进行正确曝光，拍摄对象就可呈现正常的剪影，但却以牺牲背景为代价。

·过度曝光。现代相机的智能测光系统会让原本希望强调的色彩以及表现前景主体轮廓的用心受阻。如果你使用了自动曝光模式进行包围曝光拍摄，要注意及时预览图像。因为数字暗房虽然可以增强图像效果，但最好还是在一开始就拍摄到理想的照片。

最佳曝光模式

·**光圈优先模式**–大多数逆光与剪影摄影都是风景摄影类型，一般而言风景摄影更适用于此种模式。

·**手动模式**–通常最适合比较极端的拍摄情况，使用点测光来测取选择性读数。

提示

·逆光最适合突出透明或半透明的物体，当日光（或合适的替代光源）穿透这些物体（试想一下树叶、花朵）时，它们就会得到完美呈现。

·尽管日光是剪影摄影的一般光源，但烟火、篝火、霓虹灯、甚至月光都可表现出有新意的拍摄效果。

·注意拍摄对象周围被明亮光源（如日光）所造成的珍贵光晕。在拍摄对象周围（最明显的是人的头发）进行光衍射可很好地呈现细节。

秋色

穿透一层层树叶的日光为拍摄提供了逆光条件，增加了图像色彩饱和度。对图像中央区域进行点测光，理论上这可能会导致大约1挡光圈的曝光不足，但却适合表现色彩的丰富层次。

必要工具

·**三脚架**：确保拍摄出轮廓分明、高清晰度的图像。

·**镜头遮光罩**：十分必要的附件工具。

·**渐变滤光镜**：均衡强烈的亮度范围。

日落热气球

在这张图像中，为了提高日落的色彩饱和度，使用中央重点测光，减少了1.5挡光圈，很好地勾勒出热气球的完美剪影。

教堂塔

这张图片采用了对角线构图，摄影师有意突出拍摄对象的高度，这让天空看起来也更加有意思。精心地定位——或许也是一点运气——摄影师成功捕捉到日光透过狭小窗户产生的炫目画面，而且是对天空进行的测光，否则教堂的黑暗区域与明亮的日光会破坏曝光值。

晨雾

这是利用背光拍摄的防汛堤，只有几只海鸥打破画面的宁静，为了尽可能多地保留细节，对薄雾进行曝光，这导致落在海鸥身上的高光变得过于明亮。如果确保准确记录高光，另外一种情况可能是只会产生连续的阴影，而不能表现出薄雾细节。

室内摄影

准确的曝光对于室内摄影可能会是个难题，大多数室内照明并不能为摄影提供最佳条件，有时只为营造环境的某种气氛。专业建筑摄影师通常都会带上各种照明设备以及相应的照明电力输出设备来应对明亮的日光。

混合光源通常会令拍摄情况变得更加复杂，即使室内照明只包含一种照明类型（每一种照明都有自己的色温），但任何辅助照明也会造成混合光源。

拍摄目标

·除了室内照明之外，使用闪光灯或辅助照明来均衡曝光。

注意事项

·具有不同色温的混合光源产生棘手的色偏现象。

·相机倾斜。在进行室内拍摄时尽量确保相机完全处于水平状态，除非出于有创意的目的，希望表现垂直变形效果。

最佳曝光模式

·**手动模式**–室内照明很少会发生变化，可完全控制任何辅助照明。

·**光圈优先模式**–需要设定小光圈，该模式为会你提供必要控制。你还需要对可能会使用到的闪光灯系统（TTL模式）进行控制。

提示

·一次拍摄就能很好地呈现室内拍摄效果，这属于罕见情况。为了取得比较好的平衡，可考虑组合镜头或增加室内照明亮度（利用周围光线或闪光灯）。

·在黄昏时分拍摄，有时能够利于在室内与室外光线之间取得较好平衡。

·开启室内照明可以让房间呈现比较温暖的感觉，更有一种“居家”氛围。

·有些很好的拍摄环境并不禁止室内摄影，因此无需获得许可。

·使用低感光度设置，将噪点现象降到最低。

教堂内部

这张极具魅力的教堂室内照片是利用现场光拍摄完成的。考虑到开阔的视角闪光灯并不适合，因此禁用。相反，长时间曝光与小光圈足以将细节都一一捕捉到。这张图片左侧的人物有点模糊，恰恰说明了使用长时间曝光这个事实。

必要工具

· **广角镜头**：大多数室内布局都比较狭窄局促，为了适应拍摄环境，需要使用广角镜头与超广角镜头。

· **三脚架**：小光圈拍摄时必不可少的工具，可保证室内一切景物都非常清晰。

· **图像处理软件**：当广角镜头不够宽的时候，你可能需要将两张或多幅图像并置在一起。这可以从Photoshop软件里的Photomerge实现。

你可以从开发商或建筑设计师处获取提示，了解他们的文件资料，尤其要特别关注设计的风格。如果想要呈现雄伟壮观的效果，他们会希望你对护面墙进行正面拍摄；如果想要强调空间感，他们也会给你提供一些有用的建议。

大中庭

这是伦敦大英博物馆中央庭院的室内照片，光线基本上是透过玻璃屋顶扩散的日光，白平衡设置需要与日光相匹配，但需要注意的是，中间色调的平衡要准确。如果是夜间拍摄还要注意夜幕降临后人工照明对整个取景的影响。这张图片基本上属于高调摄影，为了保持室内的亮白色，需要仔细设置曝光。

奢华的室内

这个奢华的室内场景里，室内照明与户外光线取得平衡，取景中的琥珀色、橙色与红色之间十分协调，使室内看起来比通常情况下更具温暖的氛围。

动态摄影

动态摄影要求侧重拍摄关键动作，这个难以捕捉的时刻以运动、活动为主要特征。成功的动态摄影需要专注与经验，运气属于例外。擅长动态摄影的摄影师在设备购置方面可谓“挑剔”总希望它们能够提供自己所要求的焦距与曝光。

拍摄目标

· 清晰的图像。

· 脱颖而出的拍摄对象。

· 拍摄对象的面部表情。

· “关键时刻”。关键性动作就在一刹那间发生，前后一眨眼的工夫，效果可能相差十万八千里。

注意事项

· 聚光照明。明亮的拍摄对象加上昏暗的周围环境，可能会欺骗测光表。因此需要对拍摄对象进行曝光补偿，或进行点测光。

· 背景（与前景）不能干扰观者注意力。

· 专注力。当拍摄体育赛事时，很容易会因情绪激动而失去拍摄控制，错失最佳画面。

提示

· 多次拍摄。数字摄影几乎没有成本可言，只要环境与活动允许，就可进行多次拍摄。这样一来，拍摄精彩照片的可能性就会有所提高。

· 有创意地利用模糊效果。有时候模糊并不只是代表图像不清晰，而会为图像增添效果。当然，这里所指的模糊是为了加强或夸大动作效果而有意为之，或者是适当的曝光时间所能够允许的。

最佳曝光模式

· **快门优先模式**–快门速度是动态摄影最关键的因素。高速快门可用来凝固快速动作，慢速快门则导致动作模糊。

· **手动模式**–在一个较为封闭的场地，照明与拍摄对象之间的距离基本保持不变，有时可利用手动曝光来呈现速度极快的效果。

· **动态或运动模式**–相机自动设置，曝光时间较短。

必要工具

· 远摄镜头或长变焦镜头：提供最大光圈。

后期技巧

动作凝固固然很好，但有时会显得缺乏动感。在数字暗房，你可对图像有选择性地使用动态模糊（Motion Blur）滤光镜（如上图所示），在清晰的拍摄对象与模糊的环境之间实现最佳效果。

主题公园过山车

对主要拍摄对象之外的人使用动态模糊滤光镜，能够产生一种极好的速度感，而且完全不会对主要的拍摄对象造成任何影响。

超级摩托车

如同其他摄影类型，成功的动态摄影需要良好的构图、准确的曝光与对焦。对于拍摄快速移动的拍摄对象，做到这三点可能比较困难。这里，摄影师横向地移动镜头进行追拍，相机设置为矩阵测光，并使用了非常快的快门速度。

单色摄影

与其说单色摄影是一种摄影类型，不如说它是可用以其他任何摄影类型的一个特点。单色摄影能产生强烈的视觉感受，由于色彩的原因，形状与质感受到更多关注。事实上单色摄影并不只是指黑白摄影，尽管黑白摄影是单色摄影的一种形式，但通过强烈色彩（代替黑色与灰色）的使用，许多单色图像可产生更具意蕴的拍摄效果。

拍摄目标

· 高对比度，适合强烈生动的图像。

· 丰富情感，婚礼、宴会等各种活动都是适合彩色摄影的理想场景，但单色影像更有利于传达情感。

· 强调质感。

注意事项

· 避免出现只有平淡灰色的低对比度图像。

· 没有新意的图像色调，如棕褐色。

最佳曝光模式

· 其他摄影类型（如风景摄影或肖像摄影）用到的最佳曝光模式。在传统摄影中，单色摄影的真言是“充足的曝光与缩短冲印时间”。而对于数码摄影，确保最有效地捕捉高光与阴影细节，曝光设置非常重要。

必要工具

· 同样，在拍摄单色摄影时，按照摄影类型要求使用工具，而不是根据拍摄单色摄影的意图来决定。

我们结婚了

在这张图片中，对新娘的面部进行测光（重点放在右眼）展现了完美曝光。中央重点测光、甚至矩阵测光都有可能会被浅色头纱或暗色背景所破坏。快门速度设置为高速有助于在牺牲景深的情况下找准关键焦点。

·一些单色摄影的倡议者在拍摄阶段的确使用彩色滤光镜（如果以黑白胶卷进行拍摄可能也是同样做法）来加强色调效果，但在数字暗房合成图像也可实现类似效果，因此就没必要使用彩色滤光镜。

数字单色滤光镜

有些擅长黑白摄影的摄影师会使用彩色滤光镜来加强或抑制场景元素（例如用红色令蔚蓝色的天空变暗）。在Photoshop软件中，根据滤光镜颜色将图像分成不同通道效果（Channel），或者在清除颜色之前，对图像使用数字滤光镜。

提示

·不要以黑白模式进行拍摄，即使相机具有该功能，最好还是按照常规方式拍摄，然后利用图像处理软件清除颜色。但在相机液晶显示屏上预览图像的黑白效果可能会比较有用。

·Photoshop可使用黑白调节图层控制通道混合与曝光。

·如果你认真对待黑白摄影，可考虑喷墨打印机专用油墨取代彩色油墨，让图像效果更好、更真实。

瀑布

单色摄影非常适合拍摄瀑布。类似这张图片的优势在于表现瀑布的力量与水的形式。需要考虑到的是拍摄对象的亮度范围比较宽，摄影师对水测取曝光，并将光圈减小1⅓个光圈，造成曝光不足。

分裂通道

将彩色照片分割成单色通道可产生不同的多个图像。如图所示，根据图像所在不同的色彩通道，与之相对应的主要颜色显示为黑或白（这里显示的分别是红色、绿色与蓝色通道）。

曝光术语词汇表

18%灰度（18 per cent grey）中间影调的一个任意测量方法，表示一个物体能够反射50%的入射光。

环境光线（Ambient light）环境中的光线——包括人工照明与自然光线，即非摄影师或相机所提供。

视角（Angle of view）**通过**相机镜头观看取景的角度。

光圈（Aperture）光圈是位于镜头内的孔径，由镜头内光圈叶片组成。光圈大小可根据入射光或手动控制自动调节。

光圈优先（Aperture priority）允许摄影师手动设置光圈并自动调节快门速度的相机曝光模式。

光圈环（Aperture ring）位于镜头管上的一个圆环，可调节镜头光圈。并不是所有相机或镜头都有光圈环。

自动包围曝光（Auto-bracketing）包围曝光的自动控制（见包围曝光）。

自动对焦（Autofocus）自动对拍摄对象或摄影师确定的某个点进行对焦的聚焦系统。

自动曝光（Automatic exposure）自动调整光圈、快门速度、或两者兼顾来提供准确曝光的相机模式设置。

逆光（Backlighting, Backlit）从背后为拍摄对象提供照明的光源；通常需要曝光补偿（或者使用补光闪光灯）对拍摄对象进行正确曝光。

平衡闪光（Balanced flash, Balanced fill flash）结合相机测光系统平衡闪光数量与周围光线，以照亮阴影区域的闪光系统。

包围曝光（Bracketing）用不同曝光设置对同一场景进行连续拍摄。

色偏（Cast, Colour cast）由于非中性彩色光源的影响而对图像造成的整体显色。利用白平衡控制可在相机内进行修正，或者使用色补偿滤光镜或数字软件进行修正。

中央重点测光（Centre-weighted metering）测定整个取景亮度但偏向中央区域的测光系统，让它尤其适合肖像及普通摄影。

电荷耦合装置（Charge-Coupled Device）**一种**将入射光转化为电荷的图像传感器，可读取光敏元件像素并将其转化为图像。

CMOS图像传感器（CMOS image sensor）利用CMOS技术生产的图像传感器。工作原理类似CCD，但消耗能源较少。

色平衡（Colour balance）与标准图像或原始场景比较时，对图像色彩略显主观的诠释。

颜色深度（Colour depth）数码图像中分配到每个像素的数字数据“位数”。这个数据越大，颜色就会界定得越精确。通常，每像素24位的颜色深度总共可提供1600万种颜色的可能性。

色温（Colour temperature）参考一个完美辐射体所产生的颜色理论范围，对光源色彩的描述。

对比度（Contrast） 图像阴影与高光区域之间的色调范围。

景深（Depth of field）聚焦后最近与最远区域之间的距离，用来形容特定对焦对象前方与后方的清晰范围。景深会根据镜头光圈与相机到拍摄对象之间的距离而有所变化。

曝光补偿（Exposure compensation）与测光表建议值相比，可将预设曝光值调节高达3挡光圈的能力，旨在让图片变得更亮或更暗。

曝光/焦距锁定（Exposure/focus lock）一种相机控制功能，当拍摄对象出现在取景器当中时，该控制可锁定曝光与/或焦距，以在不影响曝光或焦距设置的情况下重新构图。

测光表（Exposure meter）一种相机内置装置或手持设备，为精确测定落在其上的入射光曝光值而设计；如果是手持设备，为直接入射光或来自场景的反射光测取读数。

曝光值（Exposure Value）相机曝光的量度可通过测光表测定，也可作为一系列光圈/快门速度组合值来设置。

滤光镜（Filter） 一种透明的光学材料，置于相机镜头上面，通过为光线着色、扩散或削弱光线来改变进入相机的光线。它也可用来描述以类似方式修改图像的数字效果。

补光闪光（Flash, fill） 用来填充阴影的闪光，否则阴影区域会显得过暗。也叫平衡闪光。

环形闪光灯（Flash, ring） 一种特殊的环形闪光装置，安装在相机镜头滤光镜套上，用以特写摄影或特效照明。

顺光（Frontlighting） 来自相机背后光源的照明，正面照射在拍摄对象身上。

灰卡（Grey card） 反射50%入射光的卡片，通常用来校准测光表，相当于场景中的中间色调。

灰度等级（Grey scale） 从纯白到纯黑的一系列256种色调，用作图像的色调分布图。

高动态范围（HDR） 从最亮到最暗的亮度范围高于正常标准，可结合包围曝光来表现。

高光（Highlight） 场景中明亮或极亮的部分，如曝光不正确，就会首先丢失细节。

图像传感器（Image sensor） 见电荷耦合装置、CMOS图像传感器。

入射光（Incident light） 直接照射在物体上的所有光线。该光线由入射光测光表进行测定。

平方反比定律（Inverse squar e law） 该物理定律对光源亮度随距离而渐弱的方式进行描述：光源–拍摄对象之间的距离加倍，光线就会渐弱四分之一。可用来计算或预计相机闪光灯系统亮度的渐弱情况。

矩阵测光（Matrix metering） 将取景切割成小块区域，依据每个区域的位置进行程式推算，以得到一个建议的合理曝光值。

多模式测光（Multi–mode metering） 可选择多个**不同曝光模式**的测光系统，通常包括全自动模式、光圈优先模式、快门优先模式与手动模式。

多分区综合测光（Multi-segment） 类似矩阵测光的测光系统，**基于复杂的测光区域模式来测光**。

中性密度滤光镜（Neutral density） 无色但可削弱入射光的滤光镜，对于需要使用大光圈的拍摄非常有用，否则高曝光值可能会妨碍此类设置。

噪点（Noise） 数码相机成像系统受电子波动影响产生的外来因素，类似胶片颗粒现象。感光度越高，噪点现象就越严重。

过度曝光（Overexposure） 让相机图像传感器接触比测光表建议值更多的光线。既可有意为之，也可能是无意，通常都会导致图像过亮。

液晶显示屏（LCD monitor） 相机背后的液晶显示屏，以为照片构图，以及在拍摄之后来查看拍摄效果。

程序曝光模式（Program/Programmed exposure） 自动设置光圈与快门速度的全自动曝光模式。

减小红眼模式（Red-eye reduction mode） 一种闪光模式，在主要闪光曝光之前，发出一次或多次闪光，试图减小拍摄对象虹膜的大小。

场景模式（Scene modes） 为诸如动态、肖像与夜间摄影等特殊情形而预先设置曝光及其他相机设定（如焦距、闪光灯等）的专门拍摄模式。

快门（Shutter） 相机的一个部分，开启该部分可让来自场景的光线经由镜头与快门到达图像传感器。

快门优先模式（Shutter priority mode） 设定快门速度的一种半自动曝光系统，相机自动设定相应光圈。

快门速度（Shutter speed） 快门开启并让光线到达传感器的时间长度。

侧光（Sidelighting） 从侧边落入拍摄对象身上的光线，会造成亮区与阴影。

点测光（Spot metering） 从取景器中央或手持点测光表的一个小圆圈来测定光线的测光系统。

目标亮度范围（Subject brightness range） 图像最亮与最暗部分之间的亮度范围。

内置测光（Through-the-lens metering） 通常在SLR（及其他一些）相机上发现的测光系统，内置测光表对透过取景器看见的场景进行测光。

曝光不足（Underexposure） 让胶片接触到的光线少于测光表测定值所需要的光线。可以有意为之，也可能是无意，通常都会导致图像过暗。

白平衡（White balance） 调节图像色平衡以中和色偏的一种自动或手动控制。可设置白平衡对特定照明类型进行补偿。

图书在版编目（CIP）数据

数码摄影曝光手边书/（英）科普著；杨凤妍译 —北京：中国摄影出版社，2010.9

ISBN 978-7-80236-464-6

Ⅰ.①数... Ⅱ.①科… ②杨… Ⅲ.①数字照相机-曝光-摄影技术

Ⅳ.①J41②TB811

中国版本图书馆CIP数据核字（2010）第167308号

书　　名：数码摄影曝光手边书
作　　者：彼得·科普（英）
译　　者：杨凤妍
责任编辑：张作
校　　对：武侠
装帧设计：上品分享
出　　版：中国摄影出版社
地　　址：北京东单红星胡同61号
邮　　编：100005
发 行 部：010-65136125　65280977
网　　址：www.cpphbook.com
邮　　箱：office@cpphbook.com
制　　版：北京上品分享文化传媒有限公司
印　　刷：北京天成印务有限责任公司
开　　本：16
纸张规格：787mm×1092mm
印　　张：9
版　　次：2010年9月第1版
印　　次：2010年9月第1次印刷
印　　数：1—5000册
书　　号：ISBN 978-7-80236-464-6
定　　价：50.00元